精进者的人文通识课



# 这就是心理学

[日] 植木理惠 —— 著　　钟小源 —— 译

SPM
南方出版传媒
广东经济出版社
·广州·

**图书在版编目（CIP）数据**

这就是心理学 /(日) 植木理惠著；钟小源译．—广州：广东经济出版社，2021.6

(精进者的人文通识课)

ISBN 978-7-5454-7732-0

Ⅰ．①这… Ⅱ．①植… ②钟… Ⅲ．①心理学 Ⅳ．① B84

中国版本图书馆 CIP 数据核字 (2021) 第 058980 号

**著作权合同登记号：19-2021-058**

特约编辑：钱怡羊
责任编辑：周　炜
责任技编：陆俊帆



## 这就是心理学
ZHE JIUSHI XINLIXUE

| | |
|---|---|
| 出版人 | 李　鹏 |
| 出　版<br>发　行 | 广东经济出版社（广州市环市东路水荫路 11 号 11 ～ 12 楼） |
| 经　销 | 全国新华书店 |
| 印　刷 | 三河市信达兴印刷有限公司<br>（三河市杨庄镇大窝头村西） |
| 开　本 | 880 毫米 ×1230 毫米　1/32 |
| 印　张 | 8.75 |
| 字　数 | 181 千字 |
| 版　次 | 2021 年 6 月第 1 版 |
| 印　次 | 2021 年 6 月第 1 次 |
| 书　号 | ISBN 978-7-5454-7732-0 |
| 定　价 | 48.00 元 |

北京营销中心地址：北京市东城区夕照寺街 14 号富瑞苑大厦 201
电话：（010）67138865　邮政编码：100061
如发现印装质量问题，影响阅读，请与本社联系
广东经济出版社常年法律顾问：胡志海律师

# 序言

“请您写一本介绍真正的心理学的书。重点是‘真正’。当下的流行趋势大可不必在意。”当收到这样的委托时，我内心非常高兴——把心理学的真实展示给读者的机会终于来了！

“既然如此，我就要从根本开始否定大家最喜欢的‘心理测试’和‘深层心理’了，这样也可以吗？”说罢我看着编辑困惑的表情，内心既不安又激动。我一直都很想写一本描述真实心理学的书。

本书对初识心理学的读者来说，可能会有一些晦涩。在此我想要强调的是，这些“晦涩”，其实才是心理学真正的“有趣”之处。

本书不仅仅列出心理学的“解”（答案），还会教大家如何用“算式”求出“解”。也就是说，本书会聚焦于“学者的思维方式”，这也是本书的特点所在。所谓“解”，就是现实中的结论部分，诸如“与这一类型的人合得来”“穿这样颜色的衣服的人值得信任”等。而“算式”则是求出“解”的过程，即“对事物的看法”“对过程的看法”等。

无论是数学，还是哲学，抑或是心理学，学问真正的“有趣”之处是在求出“解”的“算式”中，也就是过程里（当然也包括“解”）。“原来如此，还有这样的观点和思考方法啊？”像这样，通过认识新的方法，我们创造的领域就会延伸至四面八方，增加我们探索心理学的可能性。

任何事都问有什么用，这种总是追求现实答案的生活方式，我觉得是非常不划算的。因为这就像吃火锅的时候，你不是自己用筷子夹肉放进锅里涮，而是选择直接去吃别人煮好后摆在盘子里的熟肉片一样。

这种剔除过程的方式可能会产生误解——“原来这就是涮肉，很简单嘛”。而这个误解会是一辈子的。所以如果我们只想着得到“解”，就可能会错过事物最大的乐趣。

本书始终兼顾“解”与“算式”，旨在让读者了解“真正的心理学”。所以我想向初识心理学的读者们，以及已经了解心理学和对心理学有一定概念的读者极力推荐本书。

如果本书能成为各位读者重新审视学问的契机，就再好不过了。

2010 年春

植木理惠

# 目录

## 01 何谓心理学?



## 02 现象中的心理学

## 03 借“实验”测量心理学



## 04 观察洞悉的心理学

## 05 整理“理论”的心理学



## 06 提供“技巧”的心理学

# 01
# 何谓心理学?

# 01 看不见的东西，实际『存在』吗？

## 潜意识与深层心理

如果有人问你“心理学之父是谁”，首先浮现在你脑海中的会是哪个人呢？很多人可能会说是弗洛伊德或荣格。我曾经也这样认为。

自我、性冲动、情结、梦的解析……这些出自他们口中的概念，无不充满了神秘和魅力。今天还会让我们这些现代人踏上前往“深层心理”的奇妙之旅。

### 不科学的19世纪的“心理学”

但我希望大家再仔细想想，究竟有谁亲眼看到了“自我”，又有谁将“情结”数值化了呢？

在弗洛伊德、荣格和阿德勒等人潜心研究“心理”的19世纪，还是一个心理学或多或少都要受到哲学和基督教影响的时代。也就是说，才诞生不久的心理学，还不具备完整的“现代科学”体系，还没有从当时的思想、文化和神话中独立出来。

**小知识**

西格蒙德·弗洛伊德（Sigmund Freud，1856—1939）：奥地利精神科医生、精神分析学家。他提出，被压迫的欲望大多来自性，性的不安是精神病的根源。他创立的精神分析学，给后世的心理学研究带来了巨大影响。

当时大家所重视的是可信度（believability）。因此，对于思想家而言，让潜意识与压抑这样的概念用“眼睛”去测量，或是去“证明”这样的概念是否“实际存在”的这类行为，对他们没有那么重要。

一个东西，哪怕用眼睛看不见，用手也无法触碰，但只要它在思想上具有整合性与优美性，那么这个东西无疑就是伟大的。这可以说是当时主流思想的总结归纳方式。也就是说，当时风靡一时的心理学，只不过是某种魔术性的、精神性的思想。

而且，“受压抑的深层心理”是绝对看不见的（因为它在“深层”），潜意识也是无法观测的（因为它是“无”意识的）。因此，从科学层面来说，这些东西的存在与否，至今都还是个谜。并且，今后要想证明弗洛伊德等人所提出的种种概念“是否实际存在”，理论上来说，或许也是不可能的。

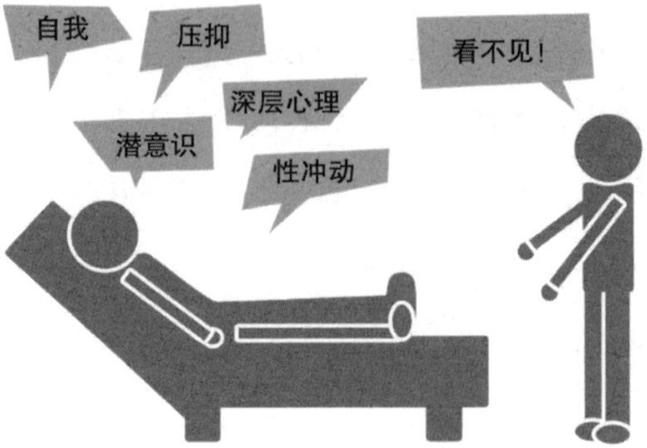


概念的存在能够证明吗？

尽管如此，150 年间，他们的思考方式得到了来自世界各地人们的热情支持，不仅研究学者被他们打动，普通民众也为他们着迷。据我观察，女性更容易醉心于他们的理论概念。

当心理分析师一本正经地告诉你“你正因潜意识中的自我而饱受痛苦”时，大多数女性会流泪。这真是太不可思议了！实际上，在我所任职的心理咨询室，有不少患者也是如此。第一次来谈话的时候，比起近代的心理治疗和心理辅导，患者对欧式传统的精神分析更感兴趣。

## 被误解的“心理学”

也许是受到了精神分析的影响，“心理学”正在被误解。

“你的潜意识中隐藏着这样的欲望”“有这种举动的人，

实际上有这样的愿望”，类似这样的心理学话题，似乎在年轻人中十分流行。综艺节目、杂志和出版社对各类心理学的话题也是青睐不已。而我没法像它们这样，把不确切的东西鼓吹得像真的一样来蒙骗大众，我不想再让心理学的真正意义就这样一直被人误解下去。

即使眼睛看不见，实际也会存在。这样的观点听起来的确既浪漫又充满了幻想。但是，至少在现阶段，“心理学”还无法被称为“科学的学问”。

尽管可能会得罪“弗洛伊德派”和“荣格派”的狂热粉丝，但我还是要说，他们的主张，不过是一种系统地复述传诵“古典神话”的行为。应该和严格意义上的“心理学研究”进行区分。

**小知识**

卡尔·荣格（Carl Jung，1875—1961）：瑞士精神科医生、分析心理学家。他认为潜意识不仅存在于个人，还存在于集体。他对性冲动扩大了解释。之后和当初有过交流的弗洛伊德因观点不同产生分歧。此外，荣格还很重视人类学、神话学、宗教、艺术等之间的关联。

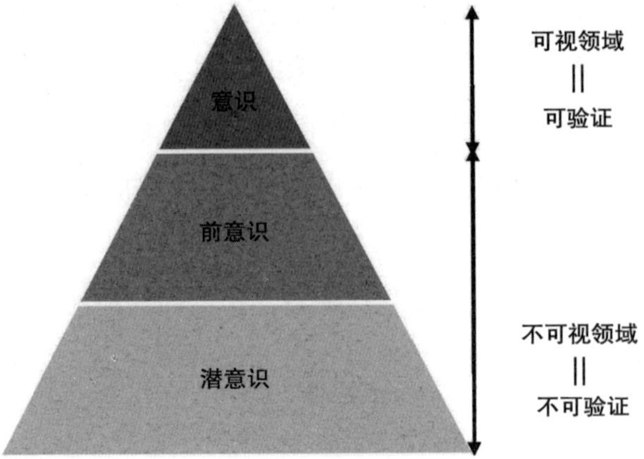


弗洛伊德关于意识的三层构造

## 02 看不见的东西，实际『不存在』

### 通往心理学的科学途径

换个角度，如果你问重视“科学”形式的实验心理学之父是谁？得到的答案肯定是威廉·冯特。

和弗洛伊德一样，冯特是活跃于19—20世纪初的神经学家、生理学家。但他对“心理”的研究方法却与深层心理学家大相径庭。

冯特将“潜意识”“压抑”这类由人们想象出来的概念彻底排除，建立起了一套重视测定可视化、数据可视化的学问，为实验室心理学打下了基础。

冯特和弗洛伊德更大的区别在于，冯特研究的不是治疗师

（Therapist）给患者做所谓的深层心理分析，而是在受实验控制的条件下，让患者能够系统地分析自身思考的方法。当然，此时冯特等人测量的对象不是“不知是否存在”的“无”意识，而是本人能够明确地表达的，能够把说话时间和说话量换算成数字来进行测量的“实际存在”的“有”意识。

也就是说，冯特在建立实验心理学体系的同时，还将“测量”“数学”这样的科学概念带到心理学领域，可以说，冯特是将心理学从哲学和宗教中分离出来的第一人。

我本人从很早开始，就为冯特等人所提倡的研究方法——“科学范畴内的心理学”所倾倒。

我真正开始学习心理实验是在进入研究生院之后。在那里，不仅仅是我，所有的年轻研究员都在竭尽全力地寻找“科学”的方式来证明各种各样的心理现象。

直到现代，这种“科学”的方式已经成为心理学研究的主流。

**小知识**

威廉·冯特（Wilhelm Wundt，1832—1920）：德国心理学家。1879年开设了世界上第一个心理学实验室，使心理学成为一门独立的学问。冯特将心理学定义为一门研究直接体验的学问，研究主题是对实验中的自我观察进行意识分析。

为什么我这么迫切地想把心理学科学化呢？其中一个原因是，这样做会让心理学变得十分有意义。

比如说，人在何种状况下会有何种思考、行动，又会如何成长？群众在怎样的情况下会采取怎样的行动？男女之间有怎样的差异？……想要知道这些，只躺在沙发上冥想是行不通的。如果自己不去实验室，或是不去现场实地考察，不遵循“假设—实验—解释—考察”这样严密谨慎的科学方法来进行研究，是无法构造出清晰的人类构想图的。

话虽如此，要想说明“心理”的机制可没那么简单。就算运用科学的方法，也不意味着就能立刻说明真相。但是，恰好是这一点叫人兴奋不已。

实验者的期待常常会落空，大多数实验没有得到假设的结果，而是远远超过了实验者在脑海内臆想出的实验结果，这会让实验者躁动不已（之后我会再详细说明，如果结果总是“符合预期”，那么这样的实验其实是没有意义的）。

每次做实验，实验者都会因人心之复杂、行动之不可思议而哑口无言。他们深切地体会到人心充满了谜团。也正因如此，每一次的失败都会带给研究者更大的动力，以改变角度进行新的实验。即使实验“失败”也并不遗憾。

我还必须再说一点，那就是实验心理学给我们的日常生活带来了很多帮助。

假设一个业务员一个月的销售业绩只有一万元。如果这个业务员身边有一个心理学家，那这个心理学家就会带着“为什么会这样？你的业务能力有问题吗？”这样的疑问，不断改变条件和假设，帮助业务员弄清楚真相。这样一来，业务员销售失败的真正原因很快就会浮出水面。

比起耗费多年时间分析“被压抑的自我”，实验心理学会直截了当地给出有效的线索。

尽管如此，实验心理学的研究方法太过单调、禁欲，使人缺乏遐想的空间。这也使实验心理学未能像弗洛伊德的学说那样风靡大众。

然而，在时间的长河里，实验心理学一直默默地影响着众多的心理学家和生理学家。

以克雷佩林（德）、克拉克·赫尔（美）、查尔斯·斯皮尔曼（英）等人为代表，他们和日本的松本亦太郎、桑田芳藏、野上俊夫等心理学家，实际上都以冯特“弟子”的身份，将心理学视作科学，并使用科学的研究方法，对动物和人体进行实验。

**小知识**

埃米尔·克雷佩林（Emil Kraepelin，1856—1926）：德国精神医学家。他将精神病分为精神分裂症和躁郁症两类。他研究在持续作业中，根据时间的变化所对应的作业量之增减的“作业曲线”，成为后来由内田勇三郎完成的“内田－克雷佩林心理测验”的基础。

在科学的证据（evidence）受到重视的近五十年中，“只有可以看见的东西才是实际存在的”“科学家不该讨论无法测量的东西”这样的观点，在心理学领域占据了主流。尤其是在行动主义和认知主义领域的心理学家中间，这样的观点已经完全被认可。

因此，我建议想要正式学习心理学的读者，务必从科学的心理学开始学习。

# 03 如何『从现在起』活用知识？

## 学习心理学的意义

在前文，我们提到了弗洛伊德和荣格等人所提倡的“深层心理学”和重视科学方法的“实验心理学”，并将这两种截然相反的研究方法做了比较。本来，心理学史的内容是很多的。但是由于篇幅压缩了不少，可能会让人觉得有些难懂，也可能会让有些读者产生误解：“原来心理学很复杂。”

在此，我还是想说得直接一些：

“世界上只有深层心理学和实验心理学这两个种类的学派！”

极端条件下，这种说法是成立的。心理学本来就是非常简单明了的。

但是，最近诸如“×× 心理学”“×× 心理检查法”之类的心理学细分化产物实在是太多了，渐渐地，心理学就变成了一门繁杂难懂的学科。又因为人们喜欢有趣的杂学，导致普通书籍只选择宣传所谓的“心理术”小知识，不能否认的是，现在人们已经很难看到心理学真正的模样了。

**小知识**

实验心理学——此分类基于其研究方法，即不依靠思考或偶然的观察，而是以实验获得的事实为基础的心理学。在心理学中导入数学定量手法的第一人冯特被称为实验心理学之父。现在几乎心理学的所有领域都需要运用实验。

本书将会在第二章之后讲述具体的心理学知识，不同于其他的心理学教科书，本书在编排上做了大胆的尝试。为了让读者在吸收本书内容之后，就立刻能获得“能传授给其他人的”“从现在起就可以运用”的知识，我下了不少功夫。关于本书的编排，我会在下文细加描述。

一个人不管多么博识，如果那些知识在大脑中乱作一团，到了关键时刻反而会想不起来。就会导致自己明明学了不少知识，却没法自在地将其运用。要想成为一个新领域的专家，在学习的时候就需要将知识阶段性地整理起来。

纵使“输入”大脑内的知识量非常丰富，如果没有掌握将它们“输出”的方法，在某种意义上，这样的知识就会变成死的、“没法儿用”的知识，这样就未免太过可惜了。

顺带一提，我每天的工作就是哪怕行不通都硬要“活用”心理学。在医院临床和在大学授课的时候自不必说，尤其在接受面向大众的杂志社采访时，最能锻炼大脑，对心理学的活用是一项严格、困难而又让人受益匪浅的训练。

如果把这几个月出版社管我要的评论主题列举出来，差不多是这样——

为什么女孩子的男子气概显得十分帅气？

对恋爱抱消极态度应该如何改善？

真正让人高兴的赞美方式是什么？

我想改变自己的角色，应该怎么做呢？

能打动对方的巧妙告白方法是什么？

看得出来，这都是些稀松平常的话语。

“请告诉我有关科胡特的自恋理论”——根本不会有人向我打听这个。

面对这些在大众间非常流行的疑问，我总会举出十几二十个“心理学的根据”或是实验案例，认真地接受采访报道。

尽管我的例子相对极端，但如果只是精通于某一种类的心理学的话，是没法做到像我这样灵活运用的。这同时也让我深刻地感受到，只有尽可能地把众多知识都进行阶段性的整理，才能把心理学应用在日常生活中。

# 04 能够正确理解心理学的归纳法

## 如何巧妙地掌握知识？

### 如何学习心理学

那么，采取怎样的方法学习心理学效率最高呢？

从结论上说，只有“按研究方法进行分类，然后装进脑子里”这一个方法。就像我们开头对“深层心理研究法”和“实验心理研究法”进行比较并分开描述，这就是“按研究方法分类”的一个实际例子。弄清了研究方法的区别，就等于搞清楚了学派本身，以及每个学者的哲学理念。

不过，心理学的研究生考试（当时的录取率是 26%）我只挑战了一次就合格了。而且我选择的还是当时被认为非常不利的“报考他校”，如果选择普通的学习方法肯定会失败。所以，在我决心报考研究生院的半年时间里，我格外注重心理学的“学习法”和“整理法”。我也想在本书中介绍当时我所发现的好用的学习方法，希望能给今后想要学习心理学的人带来帮助。

**小知识**

发展心理学——探究随着时间的变化，精神发展变化的姿态会产生何种变化的学科，旨在解明规定发展的各个要素，并将这些普遍规律建立成一个体系。幼儿心理学、儿童心理学、青年心理学和老年心理学等心理学都被认为是发展心理学的下级领域。

## 按研究方法对心理学进行分类

如果把心理学按研究“方法”进行分类，再装进脑子里，这些知识就能够得到活用，足以把这些知识说明给其他人，在考试写论文的时候，能够更简单系统地将知识“输出”。

就让我们以“对衣橱里的衣服种类进行整理”来补充说明吧。

如果我们往一个抽屉里装入蓝色的衬衣、蓝色的裤子和蓝色的袜子，往旁边的抽屉里装入红色的衬衣、红色的裤子和红色的袜子……像这样根据颜色进行区分整理之后，虽然看起来很整洁，但这样的整理方法真的便利吗？

一旦到了要搭配一套洋装之时，假设我们决定要穿蓝色的衬衣，那这时候该选择哪款颜色的裤子、领带呢？这时就必须开关所有的抽屉来进行挑选，应该会花费不少时间吧。也就是说，尽管我们有很多衣服，但到了关键时刻，这样的整理法会使我们的服装搭配（知识输出）非常慌乱。

比起上文的整理法，尽管颜色和材质各不相同，总之我们把所有的衬衣都装进一个抽屉里，旁边的抽屉则只装裤子，再旁边的抽屉则装进各种颜色的袜子，像这样的整理法才能让我们在服装搭配的时候更加有条不紊，这就是“输出”更快的整理法。

如果以心理学为例，我认为前者就是像“发展心理学”“教育心理学”“临床心理学”“社会心理学”这些从前就存在的整理方法，只拘泥于形式上的“色彩区分”，这样的教科书对读者来说并不那么友善。

**小知识**

临床心理学——明确精神疾患和心理问题的真实情况和间接原因，综合各种心理学方法解决以上问题的学科，会根据必要进行心理学检查，尝试心理疗法，同时也会为了预防心理疾病而研究对策。

因为这样的学习方法没把握心理学的“整体构图”，导致我们也不知道该把哪些东西组合起来并运用到日常生活中去，结果学来的知识还是无法使用。如果你的目标是成为青年心理学的专家，那是另一回事了，但对于那些想了解“心理学”全部面貌的人来说应该会有些不便。在为了研究生考试而四处寻找各种教科书的时候，我本人也对此感到了强烈的不满。

我想各位如果看过目录自然也很清楚，本书没有所谓的“×× 心理学”的分类方式（上文提到的以颜色进行分类），反而故意将学派、调查对象、时代等要素“混合在一起”，以衬衫归衬衫、裤子归裤子的方式，把使用方法相同的东西放在名为各章节的“抽屉”中整理，我希望通过展示心理学的整体构造，按研究方法对心理学进行归纳整理，让读者学到的是能够与他人分享的心理学、能够活用于日常生活的心理学。

## “重复发现型”好过“分离型”

以“××心理学”这样的归类方式来进行心理学学习的缺点不仅仅在于不方便进行知识的输出。在知识输入的时候，这种学习方法也会让人忽略心理学的本质，很可能会使人对心理学产生错误的理解。

因为不管是过去还是现在，包括心理学家本人，都不可能抱着“我是儿童心理学专家”或“我是成人心理学专家”这样的想法来进行研究的。

但是，每个研究成果，都会被除研究者之外的第三者以附录形式整理归纳于“××心理学”这样的“抽屉”之中。其实那不过是因为在编写论文集、书籍和讲义摘要的时候，这样整理起来更为简便罢了。很多情况下，这种分类方式不过是为了“图个方便”。

而如果就这样不明不白地通过“×× 心理学”这样的分类方式来学习各个领域的心理学，如图所示：儿童心理学、认知心理学、青年心理学……像这样分散地学习各个领域不重合的心理学，哪怕你自认为已经有很多知识输入你的大脑中了，却仍然不容易看清像“如何表述心理学的整体”“人类是怎样的生物”这样的本质问题。

“分离型”心理学

**小知识**

认知心理学——探究人类究竟是如何感受和认识各种人与事物的心理学。相对于将感觉与知觉视作“低层次”功能的知觉心理学，认知心理学将知觉、发展、注意、记忆、语言和对人的认知视作相对“高层次”的功能。

但是，每个真正做心理学研究的学者都不会在意这样的条条框框，他们都希望能够更高效、更综合地探究人类的“内心世界”。

假设有一位学者，以“婴儿”为研究对象做了几十年的实验，他往往并非对“婴儿”本身抱有兴趣。从本质上说，他只是对人类的变化过程感兴趣罢了——“随着时间的推移，人类将会获得哪些能力，与此同时又将会失去什么？”

在这种情况下，相较于老年人和成年人，婴儿和儿童会更适合作为调查对象来进行研究。所以那个学者只不过是凑巧将婴儿作为研究对象，他本人应该是不会认为自己是什么“儿童心理学家”的。从这个层面上来看，要是把他的研究全都放进“儿童心理学”的框框里，就未免太过空洞了。要是研究者本人知道了，也或多或少会有些不情愿吧。在意的并非“对象”本身，而是先有一个大的主题或感兴趣的事，再从中选择出一个合适的研究对象罢了。

这在任何研究里都是成立的。就我个人而言，我一直对“人的信念会给人的行动带来怎样的变化”很感兴趣，为了方便调查，问卷调查的对象一定是要有准确回答能力的“高中生以上的男女”，同时又要让结果显而易见，所以最简单的方法就是调查“学习场景”（实际上，我对教育和高中生都没有太大的兴趣）。尽管这样，我最终还是被贴上了“教育心理学家”的标签。有时候，这会让我感到不可思议。我希望各位读者在接触心理学的同时，还要了解这一类的小插曲和研究者真正的目的。

本书尽量避免把心理学分成各种“分离型”的“××心理学”，为了让读者随着阅读的深入渐渐发现人心的有趣和奇妙而选择了“重复发现型”的归纳法，旨在让读者从各种各样的研究方法中找到人类心理的共通之处，因为这些研究方法才是由无数的前人所堆砌起来的心理学原本的模样。

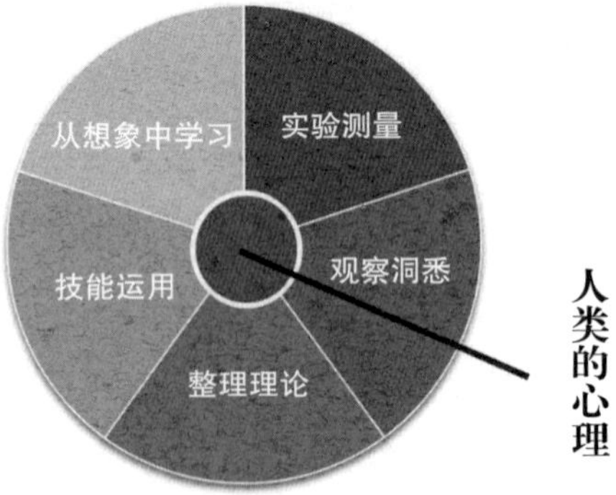


“重复发现型”的归纳法

# 02
# 现象中的心理学

## 概要：从日常现象中推测人类本质

民间有许多诸如“三个臭皮匠赛过诸葛亮”“美女三天看厌”这样的谚语，这些谚语是人类经验与感受的结晶。

就算到了现代，诸如 “这样的恋爱必然失败”“这种人会受欢迎”之类的如同都市传说一般的经验之谈，也还存在于各种书籍之中，有时还会成为我们的饭后笑谈。

像“……是……”这样用等号连接的句子，以及“如果……那么……”这样以“if...then...”句式连接的句子，在心理学中我们称它为“现象”，也可以说是理论。

像这样的理论在群众之间是以怎样的结构诞生，而又固定下来的呢？这些理论又能从科学上得到证实吗？

三个臭皮匠赛过诸葛亮

美女三天看厌

本章将聚焦于“以经验之谈为前提”的现象，探究应该如何从心理学角度对这些现象进行思考。

如上文所述，我不会把这些话题归类于“×× 心理学”，而是从众多观点中进行汇总，逐一检验这些现象的真伪。这样一来，当有人问你“经常有人跟我谈起 ×××，那是真的吗”的时候，你也能够很快地回答出来，同时还会让你对各种现象产生更多的好奇心。也就是说，这样更容易让知识变成“活的”。

如果我们能够窥见那些流传至今的“现象”中所蕴含的心理学，就能随时从日常生活中推测人类这一生物所拥有的本质与倾向。

## “自我肯定”会使人生丰富多彩

当你坐在地铁里，一位手拄拐杖的老太太也坐上地铁，而这个老太太没有座位可坐，就这样摇摇晃晃地站在你面前，一般情况下，你会怎么做？

1. 让座。

2. 若无其事地继续坐着。

3. 假装突然睡着。

可能每个人的处理方式都不一样，但我一定会选择第一种做法。不管自己提着多重的行李，不管自己有多累，我都会给她让座。不过我悄悄地告诉各位，这既不是因为我很善良，也不仅仅是因为我不忍心看那位老太太就这样站着。而是因为做了“善举”会让我感到非常舒适，神清气爽！甚至对自己着迷——“我可真酷！”助人为乐反倒经常能为我消除疲劳。

老太太可能会向我表示感谢，其实我更应该谢谢她，多亏了她我的心情才能这么舒畅。如果我们亲切待人，就会喜欢上自己。我相信大家也有过类似的经验。

这种“亲切的舒适感”让人欲罢不能，让座便是理所应当。在上下楼梯的时候，我也一定会牵着老年人的手，帮他拿行李，这已经算是我的一个兴趣爱好了，哪怕根本没人拜托我，哪怕这可能是多管闲事，但我还是喜欢主动为别人提供服务。

因为只要我每天都这样做，就能树立起一个乐观的自我形象，告诉自己“我很温柔，我很从容”，可以迅速地让我沉浸在自我陶醉之中，还会产生一种自我肯定感，甚至感觉自己已经上升到了一个更高的层次。在冥冥之中仿佛有一股乐观的能量在激励我继续努力，这感觉十分不可思议。

**小知识**

自我肯定感——是对自身的存在和状态的认可与尊重，体贴、激励他人，以及为他人奉献都能提高自我肯定感。

## 好管闲事其实是精力充沛

这个现象一定和心理辅导的工作有共通之处。当然除了为了受助者（client）竭尽全力的使命感，把受助者的感受放到第一位也是理所应当的，这样不仅帮助了别人，自己也从中感受到了真切的快乐。

一般来说，“负责鼓励人的专家”们，如老师、体育教练或是志愿者，以及心理治疗师，基本上会有很多获得自我肯定感的机会。还有类似受部下仰慕的公司领导和在朋友之间被当作“大哥”“大姐”的人，一定也会有同样的感受。

“帮别人就是在帮自己”这句俗语我们很熟悉，说的是“热心肠不仅能帮助他人，最终还能帮到自己”，那么为什么又能帮到自己呢？我觉得是因为通过帮助他人提高了我们的“自我肯定感”，并让我们学会了自爱。自我肯定感能够显著地提高主观幸福度。心理学则把这种感情称为“欣快感”（Euphoria）。

为了他人牺牲自我、无私奉献这样的行为本身，能激起我们作为人最基本的自我肯定感，告诉自己“我活得有意义”“我的存在是有价值的”。实际上，“好管闲事的人”很多都非常乐观活泼，看起来十分幸福。

与此相反，如果一个人孤零零的不与外界接触，他应该很难发现自己的优点。因为一个人没经过与他人的比较，和自身现在与过去的对比，是很难看清自己的。

这在心理学上被称作“社会比较理论”。人从小时候开始，就在学校集体等人际交往中，学习提高自我肯定感（自恋＝自我尊重）的方法。哪怕长大成人之后，这一点也不会改变。帮助他人，从结果上看能够提高我们对自己的评价，这意味着我们的内心将更有活力。

**小知识**

社会比较理论——人为了适应复杂的社会环境，会想正确地评价自己的意见和能力，为此就要和他人进行比较。比较的对象可能是和自己的意见能力相类似的人，也可能是高于或低于自己的人。

## 欺负他人，实际上也会伤害自己

那些看到老太太坐上地铁，却装作睡着的人们，其实内心应该像是被针扎了一样痛苦，他们还会逐渐厌恶自己。如果总是采取这种封闭内心式的“回避行动”，就容易郁郁寡欢，会觉得自己的人生无足轻重，从而变得十分空虚。

实际上，我就认识一个这样的小伙子，今年刚 20 岁，总说自己看到老人坐地铁心里就不舒服。他的行为让我感到惊讶。

“感觉他们浑身上下都散发出一种信号，好像在告诉别人‘哎呀快让座呀，我可是老年人’，要我说，老年人就该乖乖待在家里，别出来麻烦人。”

他居然在地铁上说出这样的话，好像故意要让别人听见似的，有时还会将自己的行李放到空位上，不让别人坐。他总是这样，对素不相识的人极其冷淡和漠视。

跟他熟了之后就会发现他其实待人热情，脑子也灵光，总是很主动地替我提行李，但对与自己没有交情的陌生人却采取完全“排斥”的态度。在排斥他人的同时，他的内心其实也十分空虚而又寂寞。有时，他还会大喊讨厌自己，然后用头去撞墙……就这样反复于内心的咆哮和自残行为之间不能自拔。他还经常会抽泣道："我就是一个人渣，我该死。"

这让我深切感受到，敌视他人，其实就是敌视自己。对他人的欺凌和厌恶会在不知不觉中给自己带来深深的伤痛。所以如果我们忽视或轻视了助人为乐的机会，其实到最后吃亏的还是自己。如果一个孩子总是欺负别人，那么慢慢地，他会变得讨厌自己、讨厌人生，这对他有百害而无一益。

看起来，最近像他这样的年轻人正在逐渐增加。"帮助他人"本该是人人皆有的本能，而如果你吝于对人出手相助，喜欢侮辱他人，结果你将成为一个"无法自爱"的人。不"赠人玫瑰"，手中又怎会"留有余香"呢？现今社会，这个情况实在是太严重了。

# 02 集体扩大之后人的行动会发生什么变化

## 名为“社会性懈怠”的现实

### 人多力量大

“三个臭皮匠赛过诸葛亮”是大家耳熟能详的谚语之一。确实，我也觉得比起一个人冥思苦想，还是大家集思广益更能想出好的点子。而且，光是有和自己“并肩作战”的同伴在，就能给人增添不少底气。实际上，也有人称之为“头脑风暴”。“三人小组”能想出更多的方案。

认知心理学家清河幸子则提倡“骑肩模型”。与其让两人一直在同一高度同一次元进行谈话，不如多加一个人，让他站在更高的角度参与进来，就像骑在他人肩膀上那样。

1.“刚才我们在讨论什么来着？我们先转回正题吧。”

2.“虽然A已经明确了，但B还尚未明了，我们缩小一下范围吧？”

3.“简要概括一下，就是C，没错吧？这个作为今后的方向来看，是D。”

像这样，如果有一个站在更高角度的人来发言的话，这个对话就不会变成普通的杂谈，而更容易得出结论。

看来“三人”里的“三”，并不是一个随便的数字。

## 人在集体中会采取什么行动？

那当人数超过三个之后会怎么样呢？

还有一句谚语叫“艄公多，撑翻船”。重点是如果有一个能主持全局的优秀艄公，结果就会大不相同。但遗憾的是，这样的人少之又少。

因此，在心理学中一般认为“群体是诱发懈怠的罪魁祸首”。

**小知识**

毕博·拉塔内（Bibb Latané，1937—）：美国社会心理学家。其研究兴趣很大程度上源于悲惨的Kitty Genovese谋杀案，一位妇女于1964年3月在至少有38人目击的情形下遭到杀害，甚至没有一人出手相助或是打电话报警。随后通过一系列实验证明，当群体扩大时，人就会变得懈怠。

为了证实这一点，拉塔内做了著名的“鼓掌实验”。他将接受实验的人分成两组，一边是六个人，一边则只有一个人，命令他们“用最大的力气鼓掌”，经过反复测量，发现六人组的声量只有单人组的三分之一。更有趣的是，那六个人都坚信自己已经用尽了全力。

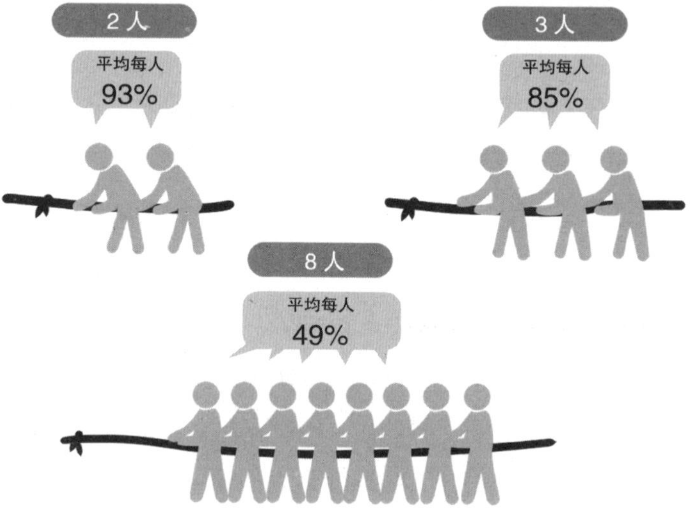


林格尔曼的“拉绳实验”

林格尔曼的“拉绳实验”也展示出同样的结果。他把被实验者分成一人组、二人组、三人组和八人组，要求各组用尽全力拉绳，同时用灵敏的测力器分别测量其拉力，结果二人组的拉力只是单独拉绳时二人拉力总和的 93％；三人组的拉力只是单独拉绳时三人拉力总和的 85％；而八人组的拉力则降到单独拉绳时八人拉力总和的 49％。

人只要在集体之中，就会下意识地做出懈怠的判断或行动，心理学将这个现象称为“社会性懈怠”“社会惰化”“搭便车效应”等。现在各种社会性懈怠现象频频出现。

> **小知识**
>
> 马克斯·林格尔曼（Maximilien Ringelmann，1861—1931）：既是法国农业工程研究者，也是社会心理学的创始人。他于20世纪初进行了社会性懈怠的实验。现在普遍将社会性懈怠称为“林格尔曼效应”。

这个社会性懈怠不分时代、文化和性别，但有一个显著倾向，不知为何，比起集体主义社会，它在个人主义社会中更容易发生。

### 避免社会性懈怠的方法

打破这个现象的技巧被称为“目标选择”（targeting）。

假设我们现在看到了一个人寿保险的广告，我们都接触过保险，但如果它的呼吁非常笼统：“希望大家务必借此机会购买我们的保险。”相信大家也不会有什么反应。“大家”这个词，就像刚刚的鼓掌实验一样，可以说是助长社会性懈怠的代表词。哪怕保险公司“大家、大家”不停地喊，在我们眼里，那也不过是别人的事罢了，并不会为之动心。所以，最近很多保险公司通过“目标市场选择”来增加购买量。

如“为了三十岁到四十岁的女性而准备的保险”“六十岁之后买的保险”等，特意缩小范围，锁定目标人群，成功地让很多人觉得“这就是为了我而准备的保险”。

以我的经验来看，如果在上课的时候对全体学生说：“大家可以自由发表意见。”课堂上反而会变得鸦雀无声。相比之下，“关于这个问题，我非常想请教一下女同学的看法”。——只要把目标缩小到原来的一半，立刻就会有女同学开始积极地回答我的问题。

而且，“目标群众选择”还被活用在最近畅销书的“标题”里。

例如“三十岁之后的 ×× 术”“想趁着还在读大学把 ×× 做了”等，通过缩小范围，锁定目标读者，让在给定范围内的人都觉得自己应该读这本书，巧妙地提高了读者的购买欲。哪怕当事人其实对那本书并非很感兴趣，但因为自己成了它的目标群体，人就会在不知不觉中打开自己的钱包。

### 稀有性是最佳的调味料

为了防止社会性懈怠，减少“对象人数”也是一个方法，但减少“对象物”的数量，也能有效地抑制“无所谓”心理的产生。比如看到“限定 10 碗拉面”“限定 20 个福袋”的标语，不管拉面和福袋品质如何，都会有人排队购买。这种现象在心理学上被称作“稀有价值效应”。

说来羞愧，以我的经验来看，有时候做出来的可丽饼不是很好吃，这个时候哪怕有五个客人，我都硬是少上两个可丽饼，让他们分着吃，因为只要这样做，在他们内心里，这个饼的价值就会有所提高。比起把做好的东西装得满满的摆出去，这样应该更能糊弄人。虽然空腹也是上好的机会，但稀有性也完全不输给它。

**小知识**

社会懈怠效应——个人与群体其他成员一起完成某种事情时，往往个人所付出的努力比单独时偏少，不如单干时出力多，个人的活动积极性与效率下降的现象，也叫“社会惰化作用”“社会惰化”。

## 警惕名为“得失效应”的陷阱

### 光环效应

似乎自古以来，俊男美女在生活中都会受到一些优待。人们对“长相好看”的人的固有印象又是如何形成的呢？关于此类的研究也是数不胜数。

如果将这些研究概括地看一看就会发现，人们自始至终抱有一种“美女偏见”。

“面容姣好的人，一定天真烂漫，不狡猾，更不会耍小心机。”

为了证实这一点，在法国曾进行过这样一场大胆的实验。

他们将 280 名女性的资料（面部照片、自我介绍、兴趣爱好、婚姻史、家庭、出生地、年龄等）作为“简历”提供给 400 位男性面试官，并让 400 位男性面试官想象各名女性的“人格”，予以评定。

结果，基本上所有男性最重视的判断材料果然是面部照片。一方面，当对象是美女时，面试官给出类似“她应该是老好人吧”和“她不会撒谎”这样的评价的概率，比不是美女的要高出 7 倍多。

另一方面，当对象不是美女时，类似“虽然头脑可能很聪明，但应该是坏心眼、心机重的类型”的评价要占据大多数。美女就是天真烂漫，而非美女则狡猾算计。这种毫无根据的充满了固有印象的评价在本次实验中清楚地显露了出来。

顺带一提，将上述实验调换性别再做一次之后，得到的也是同样的结果。

| 设定 | | 他人的看法 | |
|---|---|---|---|
| | | 对美女 | 对非美女 |
| 实验 1 | 打雪仗时，致朋友受重伤的七岁女童 | 应该是偶然事故 | 应该是恶劣的玩笑 |
| 实验 2 | 对交通事故的肇事者的审判 | 受到陪审团的同情，罚金 5500 美元 | 遭到陪审团的责难，罚金 1 万美元 |
| 实验 3 | 对女性抢劫犯的审判 | 判处有期徒刑 2.8 年（平均） | 判处有期徒刑 5.2 年（平均） |

还有一种大型试验，就是在美国经常被采用的“模拟裁判

实验”。心理学家们将扮演罪犯者（女性）的面部照片展示给530位扮演陪审团的男性，然后让他们决定犯人的刑期（如上页表所示）。

一目了然，面容姣好的女性获得了善意的判决。这果然是因为人们容易陷入固定观念——“她应该没什么恶意的，因为她其实非常天真烂漫”。

把犯人换成男性，陪审团换成女性，也能得到同样的结果。长相帅气的犯人，罪行很容易被宽容地判断为“偶然的过失”。

“希望外表美丽的人内心也是美丽的”——恐怕正是我们的幻想或愿望，扰乱了我们的客观评价。

## 美女三天看厌

前文所述的现象正是典型的“光环效应”。心理学将人类印象形成时所产生的偏见和错觉，称为“光环效应”。众所周知，光环是佛像或基督像背后特有的弧状光芒。哪怕只是一个普通的木雕，只要背后有了光环，看起来便无比神圣而珍贵。人类也一样，“美女”这一特征如同光环一般闪耀，仿佛那人的“一切”看起来都无比优秀。

但俗话说：“美女三天看厌。”而且这从心理学上来说是正确的。因为“光环效应”的“有效期”其实很短。虽然说“三天”可能有些夸张，但只需几周，“光环效应”就会过期。实验证明，只要了解了对方的内在，不管对方是不是美女，最终人们对其性格和能力的评价都会被平均，从而削弱“光环效应”

的影响。

不仅如此，美女还有略微可怜的一面。因为最开始由于“光环效应”受到很高的评价：“漂亮，聪明，性格善良。”对美女而言，今后不能有任何失败，这被称为“减效应”（loss effect）——期望越大，失望越大。

与此相反，最开始得到“她不是美女恐怕性格也……”的评价的人，之后可能会因为一些细腻的待人处事方式或小小的举动导致评价突然上升。这正是与“减效应”相反的“增效应”（gain effect）。可不能小瞧这个现象。

一开始故意让人觉得自己是个坏人，下次见面就摇身一变表现得非常亲切，据说这是结婚欺诈师俘获人心的常用手段。

不管怎么说，当美女的好处似乎只有最初一段时间有效。随着时间流逝，原本光彩耀目的光环也渐为暗淡，甚至对方还会自顾自地因为期望落空而感到幻灭：“什么嘛，原来她不是女神而是普通的木雕啊！”这实在是太叫人心酸了。还不如从一开始就没有光环，让人觉得：“啊，这不管怎么看都只是一个普通的木雕啊，但我喜欢。”后者反而要远远好过前者。

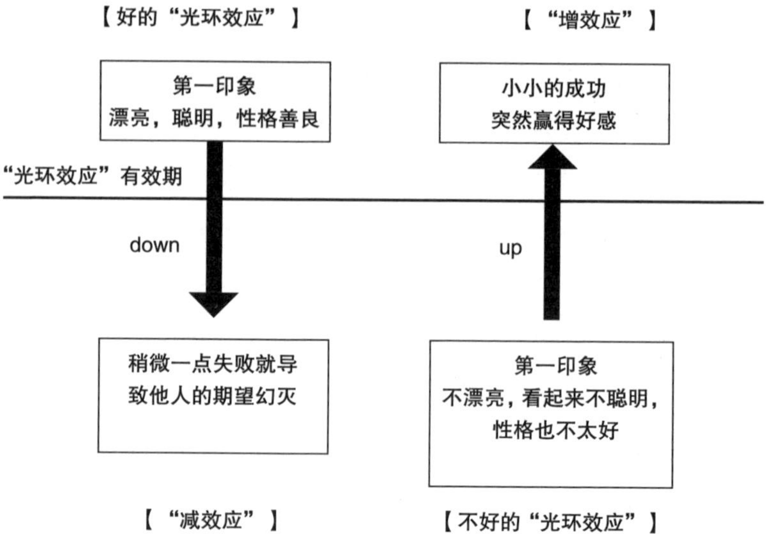
【好的“光环效应”】
第一印象
漂亮，聪明，性格善良
“光环效应”有效期
down
稍微一点失败就导
致他人的期望幻灭
【“减效应”】
【“增效应”】
小小的成功
突然赢得好感
up
第一印象
不漂亮，看起来不聪明，
性格也不太好
【不好的“光环效应”】

“光环效应”和“增减效应”

# 04 好奇心是本能吗？

## “心理抗拒”是与生俱来的性格

电影里总会出现这样的台词——“绝对不许偷看”“一定不能打开”，而主人公最后一定还是会看。作为观众，也会被这样的场景所吸引，心想：“怎么办？快看看！”

像这种基于好奇心的反抗心理，在心理学中，称为“心理抗拒”。例如，别人越叫你别做的事，你就越是想做。这并非淘气鬼特有的反应，而是每个人或多或少都具备的性格。

在儿童心理学领域，拿着一个玩具对着年龄尚小的孩子说“这个玩具玩不得”，来观察儿童对这个“被禁止的玩具”会产生多大的兴趣的实验表明，这种抗拒心理是所有人生来就有的。

实验中，实验者们会在三岁到五岁的孩子面前摆上许多玩具，随后让母亲在其中任意挑选一个玩具，并给孩子施加禁令——“不许碰这个玩具哦。”（但是，实际上并不会将玩具收起，而是放在原处）经过一段时间，让孩子自由玩耍，并进行观察。

每个孩子都会时不时地向“被禁止的玩具”瞄上两眼，但基本上没有孩子敢真正伸手去碰它，大多都在拼命地忍耐。

在这之后，如果解除禁令，告诉他们全部玩具都可以随便玩时，孩子们都会立即奔向那个“被禁止的玩具”。再过几天，如果让孩子们从玩具中挑一个最想要的作为赠品，所有人无一例外地，都会选择“被禁止的玩具”，这就是明显的心理抗拒现象。

越是被“禁止”就越感兴趣，还会让人觉得那个被禁止的东西充满了魅力。三岁的孩子都具备这样的心理，这已经算是一种“本能”了。

**小知识**

杰克·布雷姆（Jack Brehm）：美国社会心理学家。他认为，人拥有自由决定意见与态度的意志，当这个意志受到威胁时，人就会产生夺回自由的动机。布雷姆将此动机称为“心理抗拒”。

## “卡里古拉效应”

“心理抗拒”这一心理学用语，在美国被称为“卡里古拉效应”，这来源于真实事件。《暴君卡里古拉》（又译作《罗马帝国艳情史》）是 1980 年上映的一部以罗马帝国皇帝卡里古拉为主人公的电影。他好色荒淫，滥杀臣子，在历史上臭名昭著。

这部讲述了暴君卡里古拉一生的电影，由于充满了残酷场面和性描写，导致它被禁止在美国波士顿上映。

但是，“禁止上映”这四个大字却给波士顿市民带来了强烈的震撼。没错，由于上映遭到了禁止，“心理抗拒”现象在波士顿大肆爆发。人们被这非同寻常的好奇心驱使，许许多多的波士顿市民为了一睹《暴君卡里古拉》，纷纷涌向市外的电影院。

由于这部电影的人气过于高涨，波士顿市最终也不得不解除禁令，就这样，《暴君卡里古拉》成了空前的热门电影。而且观众对这部电影的评价也是异常之高，就连有名的评论家们也无不拍案叫绝。

《暴君卡里古拉》在上映之初，完全就是一部娱乐电影，甚至算是专门给人看笑话的那种。实际上，这部电影的导演就是一位色情电影大师。但自从在波士顿被禁止上映之后，大众将其评价为一部艺术电影，同时获得了“故事格调高”“把卡里古拉的残暴描绘得淋漓尽致”这样的高度赞许。

由此可知，“禁止”不仅仅会激起人的兴趣和好奇心，甚至还会给“禁物”本身增添魅力，提高评价。

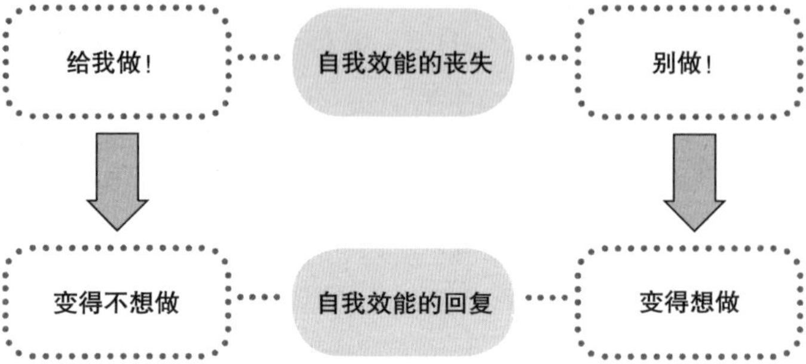


“心理抗拒”与“自我效能”

## “自我效能”驱使反抗心理

人为什么会有这种性格呢？我个人认为这可能是源于一种名叫“自我效能”（Self-efficacy）的人类本能。

这不仅限于人类，DNA 决定了所有高等灵长类动物生来就具备这种“自己的事情由自己处理”的本能。所以只要是和自己有关的事情，都想由自己来解决。不管是喜欢还是厌恶、接近还是回避，都想由自己来判断。

在灵长类中，人类拥有最强烈的“自我效能”。所以我们人类会在喜欢与不喜欢、擅长与不擅长的事物间主动地进行选择，能动而自发地进行学习、工作，最终我们才得以建立起这样一个具有高度创造性的文明。

也就是说，对于人类而言，维持自我效能其实是遵循本能。

所以来自他人的限制将会严重妨碍人类的这一本能，导致“压力”的产生。

在这样的情况下，人就会涌起一股近似于冲动的欲望：“我想要夺回失去的自我效能！我想要自己做决定！”这是极其正常的现象。最终这会使我们头脑发热，开始强调自己的主张——“不！我就要这样做！我喜欢！”

心理抗拒的真正面目就是名为“自我效能”的隐藏欲望，它使我们遵从于自己的能动性。

**小知识**

阿尔伯特·班杜拉（Albert Bandura，1925—）：出生于加拿大（后来前往美国）的心理学家。社会学习论的代表性学者，于1990年提出人类拥有想要自行律己的“自我效能”。

就像恋爱中的“罗密欧与朱丽叶效应”一样，恋人们都会竭力突破来自父母或他人的阻碍。有的人深陷不伦关系中久久不能脱身，也可能是抗拒心理在作怪。

当“别看”“不许”“禁止”的字眼出现时（哪怕原先你可能对其并不感兴趣），人会被“自我效能”的欲望所驱使，导致人们突然注视并执着于那个“被禁止的对象”。

# 05 记忆有时会说谎

## “虚假记忆”引起的悲剧

所谓无风不起浪。自古以来，人们普遍认为：“任何谣言或多或少都是有些根据的。”但有时候则完全不是这样。让我们来回顾一下 1933 年发生在英国的一起“虚假记忆诉讼”事件。

一名青年受到毫无根据的“虚假记忆”的影响，自称“受到了性虐待”，并将一位著名的天主教神职人员告上了法庭。但经过一系列周密的调查发现，这其实是那名青年的“虚假记忆”。

经科学调查证明，根本不存在发生过“性虐待”的客观事实，而青年却坚信自己遭到“性虐待”。这位青年本身完全没有骗人的打算，只因其记忆出现了扭曲。

这种由于某种“记忆错误”导致的诉讼问题，在欧美曾多次发生。

而且非常有趣的是，似乎和“精神分析”“催眠疗法”这一类关键词的流行成正比，自称突然回想起自己受到过“虐待”“霸凌”“性骚扰”的受害者也在慢慢增加。他们会指控自己的亲人或恋人——尽管他们对此毫不知情，就此在法庭上进行激烈的辩论。

像这种围绕“事实是否真实存在”“是否为记忆误差”而展开的法庭辩论频频发生，逐渐成为一种社会问题。

## “虚假记忆”甚至能骗过本人？

面对这样的社会问题，美国的虚假记忆体综合征基金会（False Memory Syndrome Foundation）和英国虚假记忆协会（British False Memory Society）相继成立。

这些机构正在对那些由于“虚假记忆”突然被指控为“加害者”的人展开救助活动。

什么是虚假记忆？

那么就有必要调查这些事后恢复的记忆，究竟存在多大程度的误差，有多少内容是值得信赖的。为此，众多记忆心理学家和心理治疗师都参与其中。

每个人都会产生“错觉”。实际上，因为错觉而对人提起诉讼的人们，也并非精神病患者或记忆障碍患者，而是极为“普通”的人。

自称遭到强奸或虐待的例子可能较为极端，但日常中的确存在类似的事件。

“那个时候你说过这句话”“不，我没说”——像这样各执一词的争论时常发生。具体原理我会在第三章进行说明，实际上，“虚假记忆”的产生是不需要特殊契机的。

根据这些实际情况，在最近几年的记忆研究中，有两点已达成共识：1. 以接受实验者的“记忆”为对象的研究是不可靠的；2. 当记忆被回想起的时候会出现很大程度的扭曲，甚至能骗过本人。

**小知识**

虚假记忆——借助药物或催眠疗法而“被唤醒”的、实际上并非事实的记忆。由于精神分析的理论认为精神疾病是源自年幼时受到的心理创伤，因此心理治疗师认为只要唤醒“被压抑的记忆”，患者就会康复，所以这多是由辅导员引起的。

# 06 最大限度地激发人的潜在能力

## “皮格马利翁效应”会拯救信者

心理学认为像“信者得救”“心诚则灵”这类乐观的想法是正确的。因为只要相信对方，愿望成真的可能性就会增加。

为什么会产生这种现象呢？

罗森塔尔做了一个大胆的实验，他拿着小学生的名单在上面随机选取了五人，并向他们的班主任鼓吹道：“这几个孩子将来会成为天才。”他一边利用事先进行的“智力测试”的结果做掩护，然后随意从名单中挑选五人。尽管没有任何依据，但罗森塔尔仍旧做出一副专家的模样，在班主任面前大肆称赞那些孩子所拥有的“潜在能力”。

“这个孩子虽然现在看起来很普通，但他具有超常的深度知觉。”

“这孩子所拥有的信息处理能力可不一般啊。”

……

班主任看这位极具权威的学者都如此断言，自然对这些预言深信不疑，内心充满期待：“这些孩子一定会有很大的进步，因为他们都是不平凡的孩子……”

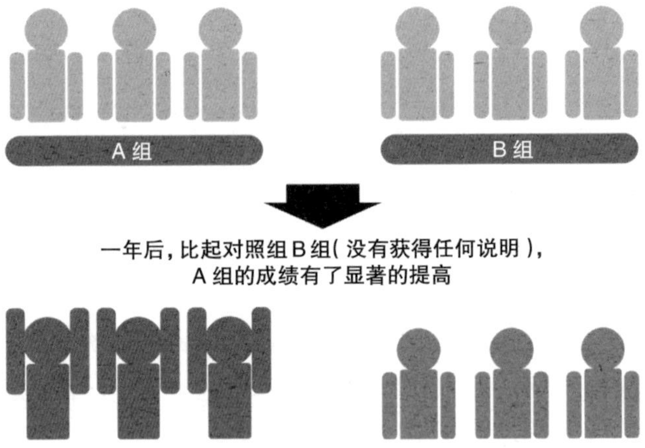


“皮格马利翁效应”

向教师说明 A 组“将会有更大的可能性”

## “期待”将成为“现实”

一年后，令人惊讶的是，那五个学生的成绩与预言一样，“确实”发生了惊人的变化。与其他“并没有受到过多期待”

的学生相比尤为出众。只不过获得了老师的信任，“期待”就这样成了“现实”。

顺带一提，罗森塔尔等人在这一年里，还仔细观察并记录了班主任是如何对待那些“被期待的学生”的，这是为了与“普通学生”的对待方式进行比较。结果表明，那些被指明“将会成为天才”的孩子，虽然不太明显，但的确每天都会受到来自班主任的一些特别关照。

比如会优先让他们挑战一些比较有挑战性的问题；在课堂中提问他们的次数更多，就算一时回答不出来也会耐心地等待。就这样，一年中班主任都在为他们营造能够促进“高效学习”的环境。

也就是说，如果打心底里相信并期待对方，为了让“被期待方”实现自己的期待，“期待方”就会积极地提供帮助，这并非因为心有灵犀，而是多亏了“期待方”的实质性助攻。

这个“心诚则灵”的现象，被罗森塔尔命名为“皮格马利翁效应”。皮格马利翁是希腊神话中的一位国王，他爱上了一座雕像，并为“她”做饭，和“她”聊天，坚信“她”是真正的人类。爱神阿芙洛狄蒂非常同情他，便赋予这件雕像生命，就这样，皮格马利翁的愿望成真了，这便是罗森塔尔将上述现象命名为“皮格马利翁效应”的缘由。

**小知识**

罗伯特·罗森塔尔（Robert Rosenthal，1933—）：出生于德国（后赴美国）的心理学家，将非言语交际（Nonverbal communication）作为其研究领域，主要研究“预测”及与其相伴的“影响”。

# 07 怎样给人一个良好的第一印象？

## “首因效应”的可怕之处

### 第一印象很重要

“和人初次见面时，很担心自己给他人带来不好的第一印象。”——其实有不少人正为此感到烦恼。确实，给他人的第一印象是十分重要的。因为人的偏见是长久不会改变的，一旦形成了不良印象，消除起来可不太容易。

我们与人见面时，并不会像电脑那样，从多方面对人的性情进行捕捉，随后将其拼接成一幅完整印象图，而人类会被“看起来像个好人”“感觉很差”这样极为笼统的印象给带跑，瞬间就描绘出一个人的整体印象。而且，印象一旦形成就很难被修正，反而更容易顺着原有印象进一步扩大。心理学将此现象称为“首因效应”。

那么，究竟为什么会出现“首因效应”呢？一般认为是因为人类充满了“确认偏差”。确认指的是“确认自己正确”，偏差指的是“错误”。也就是说这是一种“由于只收集能够证实自己是正确的信息而导致的错误行为”。

**小知识**

确认偏差——以自己先入为主的观点或信念观察他人，只收集对自己有利的信息，与此相反的信息则要么轻视，要么置之不理，以强化自己的先入之见。

为什么说这是错误行为？因为从理论上来说，为了看清事情的真相，不仅仅要确认“确凿的证据”，还要确认“反证”，但我们总是收集确证，却把反证忘得一干二净。

也就是说，如果要有逻辑性地证明一个人是“令人讨厌的”，不仅要收集他令人讨厌的证据，还必须完全否定他是“好人”的可能性，这就是反证。本来，只有同时具备了确证和反证，“逻辑”才能成立，但我们是没法做到像电脑那样缜密的。

一旦我们的第一印象认为他“令人讨厌”，我们就只会在意那些能够证明他是“令人讨厌的人”的信息——“今天他也没陪我一起加班”“前段时间他就只给自己泡咖啡”……

哪怕他有时会帮助我们，愿意听我们诉苦，这样的“反证”往往也会被我们无视。

要想立刻消除确认偏差是很困难的。不过这的确是一种人为错误，因为只收集确证更简单，而且还能获得自我肯定感：“果然我是正确的。”因此，要想挽救第一印象的失败确实不太容易。

## 不必谦虚，大力宣扬自己的优点

所罗门·阿希于1946年进行了一场著名的实验，名为“阿希的印象形成实验”。他把某人的性格特征做成两张表展示给接受实验的对象，并对实验对象形成的印象进行询问。当时的两张性格特征表如下。

**小知识**

所罗门·阿希（Solomon E·Asch，1907—1996）：出生于波兰，后逃亡至美国。社会心理学家。受格式塔心理学的影响，通过有关他人人格的印象形成的研究在实验社会心理学中开拓出一片新的疆土。

表一：他“知性、勤勉、强有力、总带有批判、顽固、嫉妒心很强”。

表二：他“嫉妒心很强、顽固、总带有批判、强有力、勤勉、知性”。

如果仔细观察就会发现，这两张表只是用词顺序相反，但给人带来的印象却大不相同。如果像表一那样将“知性”这类理想的特征放在前面，从整体上就会给人一种“虽然多多少少有些缺点，但仍是一个有能力的人”的良好印象；而一旦将顺序调换过来，很多人就会产生“他是一个因为其他缺点导致能力无法发挥的人”的不良印象。

这就是由于受到了前几个特征的影响，导致我们对后出现的特征的理解出现了变化。

比方说一个人“待人热情，但很自恋”，另一个人“很自恋，但待人热情”，在他人眼中，两者的“热情程度”就会发生微妙的变化。

因此，在初次见面进行自我介绍的时候，最好大力宣传自己的优点。当然了，保持“谦逊”的态度也可能收获良好印象，但要注意谦虚的方式，要是说什么“我其实没什么毅力，但独占欲却很强”这样容易贬低自己人格（personality）的话，可能之后的好几年里，这种不良印象都难以消除。因为印象形成的过程十分简单，所以你只要改变一下说话的顺序，就能给人带来截然不同的印象。

### 究竟是“热情”还是“冷淡”？

之后所罗门·阿希又将上面提到的性格特征表中的形容词进行反复替换和添加，以探究哪种印象给人的“影响”最大。

结果表明，一旦往表中加入“热情”和“冷淡”，给人的整体印象就会发生急剧变化。的确，这两个词是与人类本质息息相关的要素。我们的大脑应该是以对象的热情或冷淡程度为中心对人的第一印象进行整理的吧。

阿希将此特征称为“中心特征”，并根据中心特征将其他不同的特征命名为“边缘特征”。

确实，如果最开始就给人一种“不亲切”或“冷淡”的印象，是非常致命的吧。今后那个人不管工作多么努力，可能也只会获得“冷血的工作机器”的评价；就算他充分发挥自己的领导能力和决断能力，在我们的“确认偏差”影响下，也只会认为他不过是一个“以自我为中心的好掌权之人”罢了。

当然只要在初次见面时让人感受到你的温暖和亲切，基本上今后都能够获得很高的评价，可谓一劳永逸。哪怕你做的事情和上面那人没什么两样，但其勤勉和领导能力都一定会得到正面的评价——“果然品德高尚的人就是不一样！”

而且这种人哪怕失败了也很容易被他人原谅。到时候不知不觉中就会有人替他打圆场说：“他也有像普通人的一面啊，感觉更有亲近感了。”对这一类型的人，我们几乎可以称之为第一印象的“赢家”。

## 08 放任『小恶』给人的内心带来的变化

### “破窗效应”的原理

**小恶将导致大恶**

世界各国的大城市里，在墙壁和其他公物上乱写乱画的现象屡见不鲜。这一社会问题早已形成，直到现在都难以根除。而且，还有很多“嫌疑人”在接受采访时，会严肃地表达自己的正当性：“这不是涂鸦，而是绘画艺术！这体现了我对城市的热爱！”

对于这种想法，人们的评价也许是毁誉参半的吧。但问题是，一个城市的涂鸦越多，相应地，类似抢劫、纵火和强奸这些原本和涂鸦无关的重大犯罪案的发生率也在上升。

抛开涂鸦不谈，据说我们只要把一台“车窗破损的车”停在路上，这附近的犯罪率便会急剧上升。出生于美国的凯林博士将这种坏事发生的连锁现象命名为“破窗效应”（Broken windows theory）。

**小知识**

乔治·凯林（George L.Kelling）：美国犯罪学家。于1972年在新泽西州纽瓦克市参加由美国警察协会举办的“徒步巡逻强化”活动。当时的经历成了后来“破窗效应”的原型。

## 信箱实验

四五十年前，美国旧金山的几间空房子里住进了几个嬉皮士，刚开始周围的居民都默不作声。谁承想，没过几个月，原本美丽的街道就变得脏乱不堪。也就是说，一扇小小“破窗”，竟导致了整个街区面目全非，秩序全无，犯罪事件频频发生，原本组建起这个社区的居民纷纷逃往别处，美丽的街道面临无人居住的境况。

同样的事情也发生在世界其他地方。其中包括著名的“信箱实验”。当自家信箱附近的墙壁上有涂鸦，或是附近有人乱丢垃圾时，这个信箱中的信件被人盗窃的概率竟然会提高25%。垃圾和涂鸦使原本懂得分寸的大人摇身一变，成了小偷。但据说只要把周围环境弄整洁，盗窃行为便再没有出现过。

2008年凯瑟的田野调查也获得了不少关注。调查表明，当发现墙上总有涂鸦或七零八落的烟花烧痕后，路人们也会纷纷加入制造涂鸦和烧痕的行列中去。

**小知识**

基斯·凯瑟（Kees Keizer）：荷兰社会心理学家。通过反复的田野调查，得出“只要存在涂鸦，就会使乱丢垃圾的现象和盗窃案件的数量增加至两倍以上”的结论。

## 为何无法斩断坏事发生的连锁？

那么这种连锁产生的原因究竟是什么呢？

通常来说，社会集体中应有强烈的“自我净化”（catharsis）作用。

从群体心理看，如果自己的重要居所受到了污染，为了改善环境，一般都会团结一致消除污染源。

而破窗效应则源自一种“暧昧的不安”。

让我们换位思考一下，假设有一辆车窗破损的轿车就这样被遗弃在自家门前，谁都会感到不安吧——“如果所有人都对这辆车视若无睹，那就算发生危险事件，他们也不会对我伸出援助之手。”哪怕是一些琐碎的小事，如果对其长时间放任不管，也会让周围的人渐渐变得神经质起来。

心理防卫机制和恐惧也会导致交感神经陷入紧绷状态，严重时可能会使人变得更为暴力。

也就是说，关键点并非涂鸦或破窗本身，当这类不起眼的小问题受到“放任”时，处在这样环境中的人们所感受到的不安情绪，才是罪魁祸首。

比起短暂而强烈的压力，人们对微弱而持久的压力更为敏感。在上述案例中我们称之为“社会性忽视”（neglect）。不符合社会道德规范的行为如果一直被放任不管，最终将会让众人都感到焦虑，而渐渐变得疯狂起来。破窗效应被认为是一种展示了人性之脆弱的现象。

除此之外，还存在另一种观点。心理学将这种下意识效仿他人动作的行为称为“模仿”（modeling）。实验证明，人从婴儿时期就已经具备这种功能。模仿在短期间内不会发生，必须要在一定的时间后才会发生。“破窗效应”也可能是人们对名为“道德低下”的这一“习惯性懈怠”进行长时间的模仿之后，而产生的连锁效应。

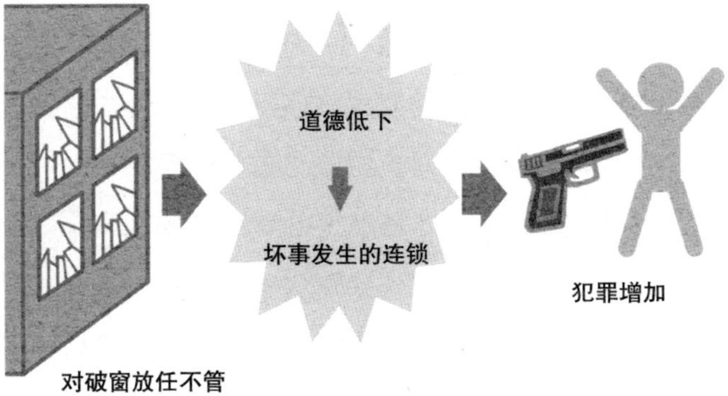


“破窗效应”

## 消灭“破窗效应”后产生的巨大改变

1994 年，纽约市长朱利安尼正式采取了“消灭破窗效应”的政策，一扫纽约街头的“破窗”。为此他选派了五百名警官，让他们徒步巡逻，专门负责处理类似地铁涂鸦这样的轻微犯罪案件。

纽约市的治安状况自然发生了翻天覆地的变化。

当年的犯罪统计数据显示，纽约市杀人案件减少 67.5％；抢劫案减少 54.2％；强奸案减少 27.4％，原先“危险城市”的印象也消失不见了。

2001 年，日本札幌中央警察署也采用了这个理论，准备通过环境净化的综合对策消除“破窗效应”。具体措施为增派警力，彻底处理薄野欢乐街的违停车辆。通过此举成功地使道路违停现象减少至原来的三分之一，并在两年内使犯罪率下降了 15％。

之后，日本警察厅在平成十四年（2002 年）出版的《警察白皮书》中增加了以下描述：“为了构建起一个对犯罪有强大抵抗力的社会，现决定将对秩序违反行为的管制也加入执法中，防止犯罪扩大化也是对抗犯罪的重要对策之一。”

对市民感受的忽视，才是滋生出凶恶犯罪的罪魁祸首。

由于对涂鸦和垃圾的忽视导致众多犯罪事件的发生，人会在不知不觉间感到不安，总是害怕受到伤害，以致变得具有攻击性。

有坏的东西就要立刻清除，脏的东西不要叫人看见。只有人们被社会重视，才能构建一个健康的社会，这是相辅相成的。

这个现象虽然十分简单，但它在心理健康问题上给了我们很大的启示。

# 09 获得共鸣之后人会想要『报答』

## “互惠原则”是人际交往的重中之重

假设你和你的恋人或朋友发生了小争吵，对方抽泣起来——这可是在大街上。你想让她快点停止哭泣，这个时候你会怎么做呢？

1. 道歉，让她别哭了。

2. 改变话题，说一些有趣的事。

3. 哭得比她还大声。

从心理学角度来说，其实最有效的是第三种方法。虽然这可能需要一些勇气，但只要你能哭得比她还激烈，基本上她就不会继续哭了。

以我的个人经验来说，在做心理辅导时，经常能在亲子间观察到这种现象。有时候，孩子在与我交谈时因为想起各种往事而抽泣，而母亲见状也受其感染，突然号啕大哭。不可思议的是，刚刚还在哭哭啼啼的孩子仿佛什么都没发生过一样，又充满活力，因为母亲的眼泪让他感到高兴。

## 共鸣能力

心理治疗师在做心理辅导的时候需要与受助者感同身受，也就是说他需要严格地训练自己的“共鸣能力”。要尽可能地使自己与受烦恼侵扰的对象的“情感”一致，而且有时还需要不断地告诉对方：“我现在和你感同身受了。”虽然实际做起来相对困难，但只有通过反复的共鸣，心理治疗师才能获得受助者的全面信赖。

所以，当恋人开始哭泣时，你恳求她“别哭了”，或是转变话题，都是没有作用的。这样的行为反而会更加刺激到对方。

人还有一种习性，当他人理解了自己的心情时，作为回报，会去主动了解他人，愿意将他人的悲伤和痛苦也一起承担。这在心理学中被称作“互惠原则”。

**小知识**

互惠原则（Reciprocity），也称对等原则，是 WTO 最为重要的原则之一。它指两成员在国际贸易关系中相互给予对方以贸易上的优惠待遇。简单来说就是：别人给了我们什么好处，我们应当尽量回报。

所以，平时就爱照顾别人的人，到了危难时刻获得他人帮助的概率也很高。反过来说，如果一个人平时就游离在类似鼓励和共鸣这样的人际关系之外，哪怕危难之际也将孤身一人。

“赠人玫瑰，手留余香”也可以从“互惠原则”的角度进行解释。

## PM 理论与领导能力

班级崩坏的定义是："孩子们在教室内擅自行动、不遵从教师的指导、课堂毫无纪律等。当学校的集体教育功能长时间失效，并且班主任无法通过正常手段解决问题时，可将其视为班级崩坏。"

班级崩坏的原因有很多种。其中在低年级中最常见的是，孩子对小学的集体生活和班级活动尚未做好充分准备就直接入学，无法顺利地回应学校的要求时，就很容易发生班级崩坏。

比方说，日本的幼儿园教育并不重视让孩子坐成一列，长时间坐在椅子上听老师讲课，但进入了小学，这些事项就突然成为默认的集体规则。有教育学者将此分歧称为“小1问题”。

当无法照顾那些需要特别教育的孩子时，也可能会导致班级崩坏。

当孩子存在学习障碍（LD = Learning Disabilities）时，可能他能很积极地参与到对话中，写的句子条理也很清晰，但数字维度和空间处理能力还停留在幼儿的水平，如果在不了解孩子有这样特性的情况下就不断地训斥他“在算术上还不够努力”，不仅会使学生本人感到痛苦，他周围的孩子也会变得躁动不安，最终将导致班级秩序混乱。

**小知识**

学习障碍 (Learning Disabilities)：西欧国家习惯的省略用语。国际学术界最早的界定是美国教育心理学家科克（S.Kirk）于1963年提出的学习障碍概念。他认为学习障碍是指儿童在语言、说话、阅读和社会交往技能方面的发育障碍。这些障碍不包括视、听觉障碍和智力障碍。

教师对待孩子的方式和与孩子之间的关系决定了班级集体特有的氛围，在教育心理学中被称为“班级风土”。这个班级风土也与班级崩坏息息相关。

比方说，如果教师对待孩子的方式和指导风格比较严格，缺乏灵活性，就容易扩大孩子们（最近几年还容易受到监护人的反对）的逆反心理，导致“反抗型”班级崩坏的发生。与此相反，如果教师过于尊重孩子的意见，以朋友或是平易近人的老师的身份和学生走得太近，就容易导致“偏袒型”班级崩坏的发生。

## “目标达成功能”和“集体维持功能”

教师接触孩子的方式和指导形式分为两种，一种是目标达成功能（P：Performance），比如提醒他们不要把东西落下、指导他们要遵守校规。另一种是集体维持功能（M：Maintain），比如倾听学生的倾诉、关心孩子之间的人际关系和集体生活。

根据三隅二不二的理论，如果一个教师的 P 功能和 M 功能的指导都很优秀，或是能根据不同状况来决定 P、M 功能的使用与否，那么这个教师所管理的班集体的连带意识一定很强，校规也会得到遵守，孩子们的学习状态也将良好。

**小知识**

三隅二不二（1924—2002）：日本社会心理学家。日本群体动力学的先驱。他从集体功能的观点出发，将领导力类型化，并于 1966 年提出“PM 理论”。

这在社会心理学中被称作“PM 理论”，不仅限于老师，这也是公司集体中的领导人物所必须具备的两个职能。然而事实上，要想同时具备“P”和“M”这两个职能是非常困难的。“P”职能更为突出的领导人往往会疏忽“M”职能，而要是领导人更重视“M”职能，他的“P”职能就会相对薄弱。

通过不断改变条件对商业领导人应具备的资质进行研究之

后发现，越是优秀的领导人就越具有两面性，一方面在工作上，他会发挥“P”职能对员工大声激励：“在某日之前一定要达成某个目标！”但另一方面当员工之间私下起了摩擦，这时他又会转变风格，不急于给他们分出对错，而是告诉他们“今天就到此为止吧”，把问题的解决留给员工间的自净作用。

也就是说，在工作中只发挥“P”职能，而在除工作之外的事情上则只发挥“M”职能，优秀的领导人明显都能像这样做到“P”和“M”职能的区分使用。在这样的领导的带领下，一定能建立起良好的集体氛围。

解决班级崩坏的方案也多多少少被包含在这个实验之中。

专栏

## 上厕所的时间长短会受到哪些因素的影响？

人会在自己身体的周围制造出一个防止他人侵入的“看不见的泡泡”。在满员公交车或其他拥挤的人群中，人之所以会感到焦躁和烦闷，就是因为有他人侵入了这个泡泡之中。在社会心理学中，这种内心的私有空间被称为“个人空间”（personal-space）。这并非“错觉”，它不仅会对人产生类似“厌恶”的心理影响，还会产生实际的生理影响。

接下来我将向大家介绍一个美国关于“车站男厕所的拥挤程度及排尿时间”的实验。

1. 自己（接受实验者）的隔壁有人撒尿。

2. 与自己相隔一个空位的位置有人撒尿。

3. 厕所里只有自己一个人。

在这三个条件下，分别对男性从做好排尿准备到开始排尿所经过的时间以及“排尿的持续时间”进行测量。

结果，在第一种条件下，无论是开始排尿的时间，还是排尿的持续时间都长于其他条件下的时间，但是，条件 2 和条件 3 之间基本上没有什么时间差别。

由于膀胱直接受脑神经系统控制，在排尿时，促进放松的副交感神经必须占据主导。但是，一旦受到来自外界的压力，交感神经就会占据主导，导致神经紧绷，因此，“想要快点结束”的想法反而使排尿花费更多的时间。

也就是说，自己的旁边有其他人，由于个人空间受到了侵犯，导致压力的产生，最终会对身体产生影响，导致排尿时间变长。

# 03
# 借“实验”测量心理学

# 概要：重视由提出假说到检验取证的科学

## 心理学的实验有两个较大的特征

其一，实验并非对概念性的理论进行整理，而是将活生生的人类或动物的行动作为研究对象。其二，完全遵照科学方法来进行实验。科学方法指的是以下流程：

1. 提出假说；
2. 定义假说的检验方法；
3. 进行实验或调查；
4. 将结果的数值进行整理；
5. 由数值导出结论；
6. 明确问题点；

7. 总结本次实验给下次实验带来的启示。

如上文所述，我认为实验的有趣之处在于“事先预想的假说会被推翻”。所以像“美女应该会受欢迎”和“吃太多会变胖”这样不管做几次实验最终都能得到证实的假设，其实是不值得我们特地去检验的。

心理实验的意义在于我们要如何聚焦于人类心理中朦胧的“灰色领域”，并从中引导出令人出乎意料的结论。我将选取一些有示范作用的心理实验在本章中进行介绍。

学习心理学，最终就是要具备独自进行心理实验的能力。因此，对于那些真正立志想要学习心理学的人来说，让他们看看重视研究方法的前人的实验成果，也算是一条捷径。

## 什么是高效的“条件反射”？

### “事在人为”能使我们的意欲高涨？

想必大家都听说过“胡萝卜加大棒”的政策。想要提高他人干劲、掌控他人行动的话，在他回应了你的期待时，就应给予其奖励（胡萝卜），而如果他背离了你的期待，就应对他施以惩罚（大棒）。这是行为心理学的基本规律。但我渐渐发现，这个规律并不是那么单纯。有时候，如果分不清给予奖励的时机，或是把握不好惩罚的“量”，反而会削减人的积极性。

通过奖惩兼施来左右人的行为这一现象，在心理学中被称作“条件反射”（conditioning）。自古以来，心理学家们就为这看似简单实则深奥的规律而倾倒，并借用小动物做了各种各样的实验。

假如你想让下图中进入 T 字路口的老鼠养成“只喜欢向右走”的习惯，你会设置怎样的机关呢？比如在 T 字路口的右侧摆上饼干（奖励），而在左侧设置触电（惩罚）装置（如下图）？这种处理方式在理论上可以将“胡萝卜加大棒”效果百分百地发挥出来，实际上，多次实验后都得出相同的结果。

**以下哪种方法最有效?**

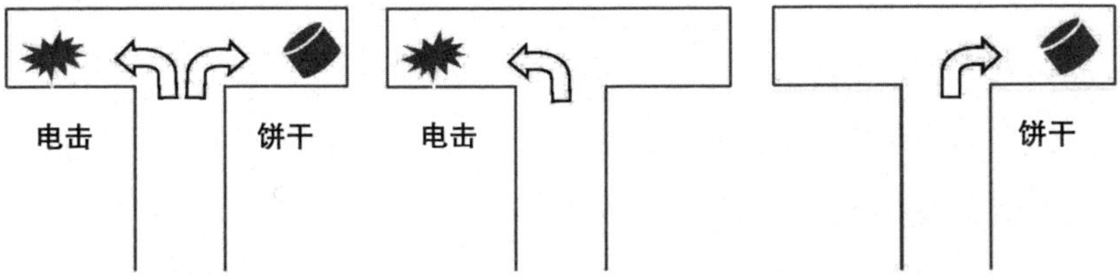


通过“胡萝卜加大棒”的原理让人坚信“善有善报，恶有恶报”，这在心理学中被称为“关联性认知”。通过上述实验，能让老鼠完全习得这一关联性。只要精心营造出一个“事在人为”（对老鼠而言，“事在人为”指的是只要向右走就能获得食物）的环境，人就会集中精力去做“能获得奖励的事”。自古以来，这种教育方法就极为常见。

**小知识**

伯尔赫斯·斯金纳（Burrhus Skinner，1904—1990）：行为主义的中心指导人。为了研究动物的条件反射进行了名为“斯金纳箱”的实验，并建立起一套无须假说的叙述性理论体系。“关联性认知”也是斯金纳的用语之一。

## “奖励与无视”>“奖励与惩罚”

但在上述实验中，如果稍微加大电流，还可能会导致实验直接化作泡影。有的老鼠因为选错方向而被强电流电得浑身发麻，结果它就被这突如其来的“惩罚”给吓破了胆，之后便待在原地一动也不动，既不往左，也不往右，彻底成了一只无助的老鼠。之后经过解剖还发现，所有在实验中被使用过的老鼠，都患上了神经性胃溃疡。

在此之前，“奖励与惩罚”都被当作一对黄金搭档，但在上述实验过后，开始有人指出：“惩罚有时候会适得其反。”由于对惩罚的恐惧，直接放弃尝试，原先为了奖励不惧风险的决心，如今也消失得无影无踪。可能是生物的直觉告诉它，还是老老实实地待着更合适一些。

人类也是一样的，当你想操控对方意愿的时候，惩罚其实反而没什么效果。如果当事人不喜欢受到斥责，他将和前文中的老鼠一样，对试错本身产生厌恶。在这种情况下还敢于火中取栗的人非常少见。

那些平时对人心的操纵技巧十分娴熟的人就会知道，当对方取得成功时，会对其大夸特夸，尽露喜色。当对方做错事时，既不训斥也不责难，而是选择无视（neglect）。在经历过这样的“冷处理”之后，就算再被指出错误或受到斥责，对方也会觉得这是一种“关心”的体现。多亏了“无视”，竟让斥责起到了奖励的效果。果然，这种“奖励与无视”的方法，可以缓和人际关系，相较于“奖惩兼施”更具合理性。

## 让恋人勤和自己联系的方法

下面我们就当作复习，来考虑一下“如何让恋人积极地给自己打电话？”从“条件反射”的角度来说，以下三个原则尤为重要。

**原则 1：没事不要主动给对方打电话。**

**原则 2：不能要求对方打电话，也不能因为对方不打电话而生气。**

**原则 3：当对方来电时，必须表现得十分高兴。**

先来讲讲原则 1，当对方还没有付出任何努力的时候，单方面地给予其奖励（你主动给对方打电话），会阻碍条件反射。长此以往，对方就会产生固定的观念：“我不主动打电话过去也没关系（因为对方会主动打过来）。”

再谈谈原则 2，“为什么不主动给我打电话？”“不是应该每天都主动跟我联系吗？”总是像这样在言语上向对方施以“大棒”的行为是极其不可取的。这会使对方像上面那只老鼠一样，产生强烈的自卫心理，导致对方失去打电话的勇气。

最后是原则 3，盼星星盼月亮终于盼来了恋人的电话，这个时候就更应该给他相应的奖励。要是这时候你还责怪他说“电话打得太晚了”“你刚刚真的在上班吗？”条件反射就根本不成立了。对方的热情也会不断消减。接起电话时，千万不能抱怨、拌嘴，而要选择一些能让对方开心的话题，从条件反射的角度来说，这才是最合理的做法。

## “间歇性（部分）强化”是高级的条件反射

**对“胡萝卜加大棒”原理稍做修改，就能轻松做到精神控制？**

前文中提到的“胡萝卜”，其实有两种“给予方式”。通过对这两种给予方式的区别使用，就可以轻松地对人类的行为进行控制。

第一种方式叫作“持续性强化”。以上文中的T字路口为例，只要走对了方向，就一定能获得奖励，这就是持续性强化。第二种方式叫作“间歇性强化”，就算对象采取了正确的行动，也会有意识地决定是否给予其奖励。同样以T字路口为例，如果走对了方向，按理应该都要得到奖励，但实际上差不多每五次会有一次空手而归。

要想控制对方，基本上“持续性强化”都是有效的。只要努力就会得到回报这一“关联性认知”对人与人之间的信赖关系是必不可少的。但麻烦的是，仅仅这样做的话，容易让人产生获得奖励是“理所应当”的心理。仅凭持续性强化，终有一天会使人感到厌倦的。

而那些能够做到不让对方感到厌倦，并对其进行长期控制的人，都会对这两种“强化方式”进行“组合”。他们最开始会依靠持续性强化来巩固信赖关系，当关系足够牢靠了，就切换为间歇性强化，给予对方意外性。

比如在一些新兴宗教里，信者在刚入教的一段时间，如果给教主布施，就一定会得到称赞，获得难能可贵的聆听教主念经的机会。这就是一种持续性强化的状态。但当信者养成了布施的习惯，这时候就算他布施，也会被教主无视，有时还会受到指责并被严厉地教训，一切都要看教主的心情。此时，就非常巧妙地从原来的持续性强化切换到了间歇性强化。

这种诡计还隐藏在日常生活中，比如赌博，虽然有时候也能大赚一笔，但由于运气的成分大，赌得越多，输的可能性自然就会增加。但又抱着侥幸心理，觉得说不定哪天幸运女神会突然垂青自己。像“太空侵略者”和“魔方”这样重视“能力”的游戏只迎来了短暂的热潮，而赌马、柏青哥这类赌博至今还将那些赌徒的心束得死死的。

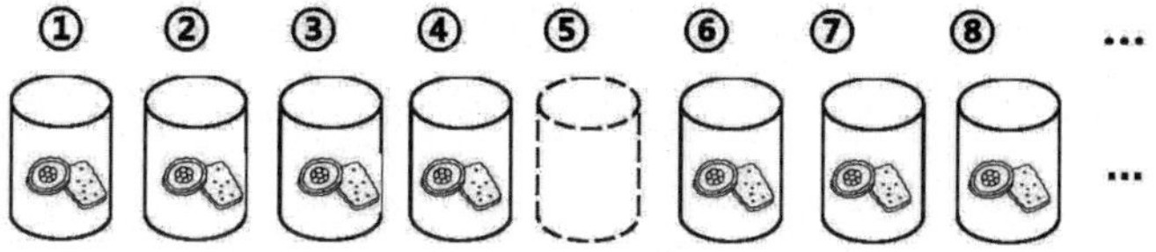


每五次中有一次不给饼干

通过间歇性强化进行精神控制

## 名为“自己相中的才最好”的幻想

说起赌博，其实像彩票这样的抽奖活动也包含了赌博的要素。当彩民抱着这次必中一亿的信心时，他会怎么做呢？

A. 自己决定去哪家彩票店，自己排队买票。

B. 拜托朋友顺便帮自己买彩票。

某个实验假设出上述 A、B 两种情况，来测试接受实验者对于彩票中奖会有多大的期待值。结果如下图所示。很明显，亲自购买彩票时，对中奖的期待值会更高。因为当事人会觉得，这么重要的事情不能交给别人做。

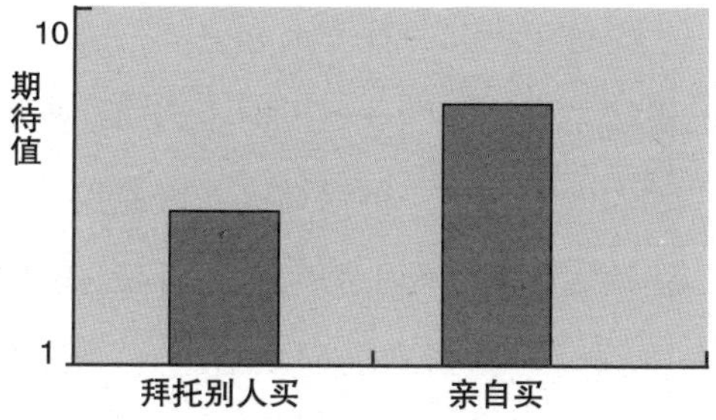


这次的彩票会中奖吗？

但是我们冷静地想一下，“彩票”这东西，从本质上说，不管谁来买，最终中不中奖都只是概率的问题。也就是说，我们都怀揣着一种幻想：“自己挑的东西才是好东西，别人帮忙挑的靠不住。”这种幻想在心理学上被称为“控制错觉”（illusion of control）。

**小知识**

控制错觉——对于非常偶然的事，人们以为凭自己的能力可以支配，这种错觉不符合本身特征的错误的感知，它并非幻觉，也不同于想象。这种错觉是由于平日的生活都能用自己的能力加以支配，所以人们把这种错觉扩展到了偶然性的事件上。

生活中也存在不少对这种现象运用的技巧。比如我们经常能在店门口看到如下展示：

1. 将各种颜色的 POLO 衫整齐地摆成一排。

2. 将各种颜色的口红塞成满满的一排。

人在壮观的色彩梯度面前，会自然地从中挑选一个最适合自己的颜色——“要是让我选，我一定选这个”，就这样在不知不觉中强迫自己进行了选择。而一旦进行了选择，接下来就会想把它收入囊中。因为人会产生一种错觉：“这是我自己挑的，自己决定的。”比起店员推荐的不可靠的东西，自己挑的要好上数倍。

每个人心中都有一种强烈的自我暗示：“这条路是我自己选的，准没错。”许多新兴宗教就通过各种仪式使信者的“控制错觉”加深，从而使洗脑变得更加容易。

## 付出再多的努力也只是徒劳——“习得性无助”

### 人在出生时“充满干劲”

人在一周岁左右，大脑和肌肉的活动会变得极为活跃，以至于这在发展心理学中被称为“语言爆发期”。我的外甥刚好一岁零几个月了，现在他看见一样东西就要“啊啊”大叫，对周围的一切都充满了好奇。他会把钱包里的信用卡一张一张地抽出来，然后瞪大眼睛观察，或者咬在嘴里，要是把信用卡收走，他又要摁摁手机的按键，然后，也把它放进嘴里，他的好奇心似乎永无止境。

而他的母亲，则日日夜夜都在与这种好奇心作斗争，总是想方设法地抑制儿子的热情。这几乎是所有家庭都有的经历吧。我很少见到有婴幼儿表情沉重、面带忧郁地进行玩耍的，因为人生来就充满了积极性和好奇心。

但是，当人长大后，便会失去这个“积极性”。这又是为什么呢？赛里格曼的实验为我们解开了这一谜题，同时这个实验也是最著名的教育心理学实验之一。

**小知识**

马丁·赛里格曼（Martin Seligman，1942—）：美国心理学家。主要进行与抑郁症和变态心理学有关的研究，提出习得性无助理论，同时也是积极心理学的创始人。

## 没干劲有时候也是好事

实验方法是，先把狗固定住使其无法动弹，再让它接受电击。最开始，为了避开电击，狗使出浑身解数（因为有逃跑的欲望），但现实十分残酷，无论狗怎么努力，也不会对电击的开始与停止产生丝毫影响。

反复实验后，狗终于不再试图躲避电击了。也就是说它终于陷入了无助的状态。也有人认为这可能是因为“电击的痛苦使它无法动弹”。然而并非如此。另一组实验中的狗虽然受到了等量的电击，却完全没有陷入无助状态。因为它可以用鼻子按压板状的开关，从而能够“依靠自身的力量”停止电击。

也就是说，导致“无助”的并非类似于电击这样的“心理阴影”，而是当自己产生“再怎么努力都无济于事”的想法时，才会感到越来越无助。由此经历而产生的无助感，被赛里格曼命名为“习得性无助”（learned helplessness）。可能有读者会不太明白这里为什么要用“习得性”这种说法，其实这个概念才是本次实验的关键。

“学习”指的是通过自身经验来掌握某种知识。一般来说，学会的东西都是有价值、有作用的，但习得性无助则教我们“学会”了一种与“事在人为”恰好相反的理念——“因为不管怎么做都无法获得想要的结果，所以再多的努力也只是徒劳”。

之后，研究习得性无助的罗纳尔多·希罗特等人还以人为对象做了类似的实验。诸如让人获得面对噪音问题时束手无策的体验，抑或是骗人去解开那些无解的谜题，结果表明，人会轻易地失去干劲。

**小知识**

习得性无助行为，是指一个人经历了失败和挫折后，面对问题时产生的无能为力的心理状态和行为。当一个人将不可控制的消极事件或失败结果归因于自身的智力、能力的时候，一种弥散的、无助的和抑郁的状态就会出现，自我评价就会降低，动机也减弱到最低水平，无助感由此产生。

## 热情被浇灭的瞬间

人类的动力分为两种。一种是“外在动机”，此时的人从事某个活动的行为是为了取得物质奖励或评价。另一种是“内在动机”，指的是由工作本身的趣味、充实感、使命感所带来的动机。而且人一般在受内在动机驱使时会更加专注，不容易出错，从而取得成功。

**小知识**

动机（motivation），做动词时也称“激励”，意为赋予动机。外在动机，指应外部的强制、义务、奖罚而生的动机。内在动机则源于自身的意志和好奇心。

对学习过程与教育进行相关研究的市川伸一等人经调查发现，同样是学习，比起以外在动机，即“为了让父母给自己买游戏机”“为了取得好成绩”而学习的孩子，那些“因为喜欢这门学科”“想了解更多知识”（内在动机）进行学习的孩子更为专注，使用的学习方法也更为高效。这对于大人来说也是一样的。

但有时候，这个内在动机会因为一些小小的契机，降级为外在动机。人在难以受到内在动机驱使，专注于工作时，如果受到来自外部的激励，有时反而会失去这一内在动机。人家本来是打心底里喜欢这份工作的，但由于突然获得了物质奖励，今后便无法在没有回报的情况下投入工作了。

因此，对于那些对事物本身感兴趣而行动的人，如果以前辈的心态对其进行称赞，或是激励他说“只要努力总有一天你能登上人生巅峰”，这些都是十分危险的行为。因为当事人会在潜意识中认为你是“多管闲事”而产生心理抗拒，最终可能导致其内在动力降低。“我好不容易想认真学习了，但是妈妈你这么一说我又不想学了。”——现在想想，孩子的这一借口也并非毫无根据。因为我们努力并非为了别人，而是为了自己，人在这一点上是极为固执的。

04 靠奖励来最大限度地激发出人的干劲

## 警惕“侵蚀效应”

### 错误的奖励会降低积极性

上文提到，当内在动机降级为外在动机时，人会丧失积极性。研究人类动机的学者德西就进行过一次关于“奖励方式”的有趣实验。

索马立方是一种有趣的智力游戏，德西分别让两组大学生来求索马立方的解。第一组大学生每求得一次解，就能获得一美元的报酬，而另一组大学生不管求得多少次解都不会获得任何报酬。

**小知识**

爱德华·德西（Edward Deci）：美国心理学家。内在动机研究的领头人，于1995年在自己的著作中发表了“外部奖励会降低内在动机”的理论。

随后德西给予两组大学生相同的休息时间。在休息时间里对大学生的行为进行偷偷观察。

结果，获得了报酬的大学生进入休息时间后，就会放下手中的立方，有的卧倒在地，有的则翻阅杂志来消磨时间。没获得任何报酬的大学生们，尽管进入了自由休息时间，却仍热衷于对手头的立方进行求解。物质奖励反而会使我们对事物本身的兴趣降低。这在心理学中被称作“侵蚀效应”。

**小知识**

侵蚀效应——对以内在动机行动的人施以类似物质奖励的外在激励时，反而会使其积极性下降的现象。也被称为抑制效果。

德西还围绕“侵蚀效应”讲了一个有趣的故事。

“男人在某个小镇上开了一家店，有一伙小混混聚了过来，在店门口大吵大闹，妨碍男人做生意，因为这些小混混早就打算将这个男人赶出小镇。谁知那个店主反而给小混混们每人发了十美分作为报酬。小混混们可高兴了，第二天继续来店门口大闹，这次店主告诉他们：‘今天只能给你们一美分。’结果小混混们不高兴了，说道：‘你给的钱这么少，我们岂不是白闹了？’说罢便扬长而去。就这样，店主成功地守住了自己的店铺。”

不管做的是好事还是坏事，一旦收到报酬，人就会慢慢迷失自己原来的方向。所以，从充满好奇心的婴儿时期开始，我们就不能轻易地用奖励来诱导孩子,而应该静静地守护在一旁，让孩子享受事物的本质乐趣。对待大人也是这样，当对方在工作中找到使命感和乐趣时，不能在“中途”（工作尚未完成时）就给予其报酬。但现实是，人没有报酬（奖励）又是没法生存下去的，这便是这个问题的难点所在。

### 给奖励时要分清时间、地点、场合

在给予奖励时，要注意两个关键点。第一，不能搞错时机；第二，奖励要有明确的等级区分。

先来谈谈时机问题。无论事情好坏，当对方基于外在动机而采取行动时，一定要“立刻”“马上”对其进行表扬，或是给予警告。如果他的行动导致了不良结果，就立刻减少报酬，相反，如果取得了成功，就应立刻给予表扬。这在行为心理学上被称作“即时反馈效应”。比起奖励的内容，奖励的迅速性、即时性更为重要，这在以老鼠和黑猩猩为对象的实验中也得到了同样的结果。

但正如前文所述，当本人正享受于事物本身的乐趣时，如果给予其额外的奖励，反而会降低其积极性。比起动物，人的感性要复杂许多。

虽然把握准确的时机可能比较难，但我们可以这样做，当对方还在以内在动机投身于工作时，就静静地守护在一旁，等他工作告一段落了，我们再大力对其进行表扬。这样一来，对方也会产生“这次工作十分充实，下次继续努力”的想法，将内在动机保持到下次工作中去。

奖励自己时也是一样的。这种对自己的奖励行为在心理学上被称为“自我强化”，当人为了工资、为了得到他人的认可而努力的时候，如果不给自己适当奖励，就难以维持自己的热情。当对工作本身产生热情的时候，直到完成都会全神贯注地投入其中。由此可知，只有内在动机才能从本质上维持人的积极性，提升工作质量。

另外，给奖励分级也是极为重要的。假设你是一家公司的领导，当你的下属立了点小功时，你对他说：“做得不错。”当他立下大功之后，你还是以同样的口吻跟他说：“做得不错。”你可能自认为是在夸奖下属，而对方却会觉得你是在敷衍他。

因此，正确的做法是，当下属表现得“略微”努力时，你用“做得不错”来表扬他，然后把“不愧是你”“佩服佩服”这样称赞级别更高的话留到他立下大功的时候再说，就像这样根据功劳的大小来决定激励的等级。

如果一个人能够根据对方的行为状况分辨出其行为是基于内在动机还是外在动机，还能找准时机，根据具体情况决定具体的奖惩水平，通常我们管这种人叫“教育达人”。

## 05 记忆达人的独家记忆方法

### 不要死记硬背，而要“精密化”

#### 提高记忆力的基本要领

在固定地点工作或者学习的时候，往往效率会更高。

根据我的经验，如果去咖啡馆写文章，写着写着自己就会焦虑起来：“嗯？怎么一点思路都没有。”但只要待在研究室，或自己的书房，就会发现自己能回忆起很多事情了。

研究记忆学的戈登等人所进行的实验，也给了我们同样的启发。戈登等人将接受实验者分为“水中记忆组”和“陆地记忆组”，并对两组实验者记忆的牢固性进行比较。结果表明，学习的场所并非最重要的，而是要让“记忆的‘场所’和回忆的‘场所’相一致”，也就是说，在哪儿记住的单词，就要在哪儿想起来。

还有别的实验表明，如果记忆时的背景音乐和回忆时的背景音乐相一致，也能使人回想起更多东西。这种现象被命名为“记忆的状态依赖效应”。

不到处移动，尽可能地在同一状态下学习，是提高记忆力的基本要领。

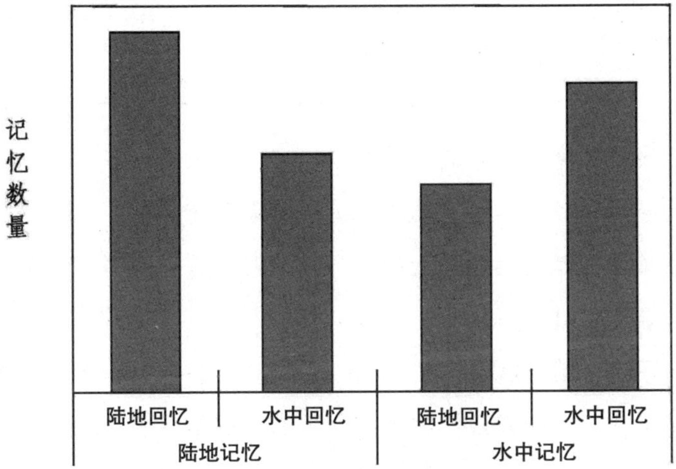


环境情景的一致效应

## 利用“因果关系”，告别遗忘

肚子饿的男人系好了领带。

胖子买了把锁。

很困的男人手提水壶。

你能将这三条略为含糊的信息完整背下来吗？恐怕一周后，大多数人都已经忘得一干二净了吧。但布兰思福特等人的实验证明，只要“在信息与信息之间架上因果关系的桥梁”，难解的句子也能半永久性地被保存在记忆之中。

**小知识**

约翰·布兰思福特（John Bransford）：美国认知心理学家。为了将在学校学到的知识活用于生活中，开发出多媒体教材“Jasper Project”，并以此闻名。

该怎么建立因果关系呢？以上述信息为例——“肚子饿的男人系好了领带（因为他准备进入高级饭店）”，“胖子买了把锁（因为他要给冰箱上锁）”，“很困的男人提着水壶（因为他要泡咖啡）”。

把信息和信息拼接在一起赋予其意义的行为被称作记忆的“精密化”。如果我们将那些无法靠死记硬背记下来的信息以自己的方式进行精密化处理，记忆力就能得到显著提升。

## 不要死记硬背，要试图理解它

请大家试着记住下面这段文字。

过程很容易，首先你需要分类，当然一堆或许已经够多，但要看数量多少。假设缺乏工具，你下一步得到其他的地方，否则，尽管你已经准备好，却束手无策。一次量太多也许是困扰，也许用量适中，或者少一点，事情就会变得简单很多。短期而言，这可能无关紧要，但是麻烦很容易产生。一个错误可能让你付出很大的代价。整个过程结束后，再分类；将它放到恰当的地方，很难预测接下来要不要重复这样的工作，我们永远不会知道，但它们总会重复，一次又一次，无论如何，它们是生活的一部分。

要记住这么多的信息，就算依靠前文中的“状态依赖效应”和“精密化”，恐怕也比较困难，因为我们搞不懂这段文字的意义。

实际上，当布兰思福特等人告诉接受实验者这是一篇关于“洗衣服”的文章后，结果表明，所有受试者都能记住这篇文章的重点。同时我也希望各位读者在了解文章主旨之后，再回过头去看看刚刚自己读过的内容，是不是觉得根本不用死记硬背，一个个知识点就会自然而然地涌入大脑。

在日本也以初高中生为对象进行了不少类似的实验，结果表明“记忆力好的学生都会试图去理解文章内容”。连内容都没有理解就直接死记硬背，其实是白费功夫，还是多花点精力研究“如何理解文章内容”更高效一些。所谓理解，就是将自己已有的知识和新的信息串联在一起，同时它也是一种能让大脑条理更加清晰的捷径。

# 06『虚假记忆』是如何产生的？

## 产生于对话中的“重构式记忆”

就算所有人参加的是同一个聚会，回来后每个人的记忆也各不相同。可能有人觉得“当时气氛很尴尬”，也有人认为“当时很热闹”。尽管当事人经历了同样的状况，目睹了同样的事情，之后人们谈起这件事的时候，也可能会出现不少分歧。第二章中也提到了，人是会产生“虚假记忆”的，那么为什么会产生这种现象呢?

认知心理学家洛夫特斯等人着眼于人在回忆时所接受到的提问，并通过实验证明，是“对话”制造出了“虚假记忆”。他们让受试者观看汽车事故的电影，并在电影结束后围绕电影中发生的事件进行提问。

此时，向一部分人提问道：“当两车猛烈相撞时，车速是多少？”再对另一部分人问道：“当两车相撞时，车速是多少？”提问句式基本一样，只不过在“相撞”一词上做了文章——“猛烈相撞”在程度上要大于“相撞”。并于一周后再次召集受试者，这次同样也是围绕之前看过的电影进行提问。其中包括这样的问题：“你在电影中看到过碎玻璃吗？”

因为电影中没有任何碎玻璃的场景，所以正确答案是“没有”。接受遣词为“相撞”的提问的受试者几乎都答对了。而接受遣词为“猛烈相撞”的提问的受试者中，有超过 30％的人都回答了“有”。这意味着他们的大脑创造出了本不存在的场景。

类似的实验还有不少，比如下面这一种。先让受试者进入家具被摆放得乱七八糟的房间，随后对其中一个受试者说：“请尽可能地回忆出刚刚‘客厅’里的东西。”再对剩下的受试者说：“请尽可能地回忆出刚刚‘研究室’里的东西。”

结果前者的回忆是“沙发”“咖啡杯”“电视”等符合客厅印象的物品，而后者想起来的则是“桌子”“电脑”“成堆的书”这些符合研究室印象的东西。图威将这种现象称作“情节记忆”。也就是说人的大脑会受提问的影响，创造出莫须有的记忆。

**小知识**

安道尔 · 图威（Endel Tulving，1927—）：生于爱沙尼亚佩特塞里，加拿大实验心理学家与神经认知学家。在多伦多大学开办记忆研究会，被称为多伦多学派。提出了“记忆系统论”这一记忆分层模型。

明明经历了同样的场景，只是由于提问者的用词不同，人的记忆便轻易地受到了诱导。这一系列实验表明了人在“对话中进行回想”的危险性，这一现象获得了很高的关注度。

## “集团利己主义”会歪曲事实

### 集体使谎言变为事实

每个谣言扩大的背后，一定有“集体性”在作怪。以下实验就对群众心理进行了很好的展示。

请大家看看下页的图。虽然 B 和 D 的长度略微相似，但最长的果然还是“D”。让人进行独立思考的时候，这个问题的正确率接近百分之百。但如果你所处的人群中混入了几个“托儿”，他们不断强调：“B 是最长的！”这时候正确率就会大幅度下降。这并不是因为大家照顾那几个“托儿”的感受，而是只要置身于集体之中，就容易被他人的言论所影响，导致你有那么一瞬间，产生“B 最长”的错觉。

最长的是哪个？

除此之外，有的实验会给受试者喝普通的维生素饮料，并在广播里散布虚假消息：“您刚刚喝的维生素饮料具有让心跳略微加速的效果。”这时候，如果受试者只有一人，基本上不会发生明显的身体变化。因为那毕竟是普通的维生素饮料，没反应才是理所当然的。但处在集体中时，身体状况就会因周围人的状态而产生较大的变化。如果所有人听到了广播都不为所动，那基本上大家都不会有感觉。但要是混入了几个表现得忐忑不安的“托”，人们就会像广播中说的那样，真的心跳加速、血压升高。

造成心跳加速的原因当然不是饮料，而是周围人对广播内容的“诠释”不仅影响了我们的意见，甚至我们的身体反应也与之同步。由此可知，“集体”本身就具有使谎言变为现实的性质。

## 集体会制造出“常见的谎言”

集体带来的影响远不止这些。谣言在集体中传播时，是充满极端刻板印象的。

有一个实验让受试者对某酗酒（酒精依赖症候群）男性进行评价。此时会提供给受试者两个故事，一个故事讲述他有多“邋遢”，另一个故事则描述他“工作利索”，然后观察这两个截然相反的故事会以怎样的形式在集体中传播，集体又会对该名男子产生怎样的印象。

结果，让一个人进行评价时，上述两个故事都被反复斟酌和考量，最后获得了一个较为中肯的评价：“他平时虽然很努力，但喝了酒就会丧失理性。”

而让集体进行评价时，则完全是另一种情况。提起他，人们绝大多数时候想到的是他的“邋遢”，而他“工作利索”的一面则几乎没有人提起。人们对酗酒的偏见仿佛被正当化了，集体中传言四起，到最后，只剩下类似“以自我为中心、做事没有节制”这样极为常见的传言了。

人只要聚在一起，就会形成一种“意见统一”的氛围。哪怕心里都清楚那是偏见，但大家都还是会在潜意识里偏向那个能够说服所有人的判断。这种集团性的偏见扩张在社会心理学中被称为“集团利己主义”。

在收集犯人的目击信息时，如果让一群人一起进行回想，也容易出现错误。明明人数在增加，但正确信息的数量却完全不见涨，反倒竟是些充满偏见的错误信息。

那么应该如何避免集团性错误呢？涉及重要话题时，不能突然把大家聚在一起你说一句我说一句。首先要让每个人把自己的想法都梳理一遍，然后再集中意见，重新进行讨论。这样一来，就不会有那么多毫无根据的传言变成事实，对事实的歪曲也会减少。

## 时间越长，就越具真实性

有时候，哪怕谣言的源头是那些一看就知道不靠谱的花边新闻，过了一段时间也会渐渐地被人相信。这种现象被称作“睡眠者效应”——因为人们还在睡梦中时（时间推移），谎言就已经变成了真相。

**小知识**

“睡眠者效应”——一般来说，消息来源可信度越高，就越具有说服力，反之亦然。但就算消息来源的可信度低，随着时间的推移，“消息来源”和“消息内容”会相互分离，消息的说服力也会相对提高。

传闻的消息源很容易被人遗忘，而其有趣性则容易给人留下深刻印象。在最初接触某消息时，会综合消息源的可信度进行判断：“消息源来自网络，应该只是谣言吧。”但随着时间的流逝，人们对消息来源的警惕渐渐消失，只保留对消息内容的模糊记忆。只要有了时间间隔，任何人都可能在不知不觉中对谣言产生信任。而集团的特性则加剧了这一现象，把谣言变成了看似合理的“真相”。

## 活用“斯汀泽效应”

### 座位决定了一半的胜负

斯汀泽对小集体活动进行了研究分析，他将目光放到了座位和说服力的关系上，结果发现了以下三个现象：

1. 争论对手就座时，双方常常都会坐在彼此的对面。

2. 当你发言结束后，紧跟着发表意见的人往往不是赞成你的人，而是持反对意见的人。

3. 主持会议的人影响力小的时候，参会者经常爱和对面的人闲聊；反之，参会者爱与相邻的人闲聊。

总而言之，向坐在自己正对面的人更容易提出“反对意见”，而对坐在自己旁边的人提出反驳则相对困难。确实，坐在自己正对面的人似乎总是会对自己的发言、演说提出激烈反驳，并且很难说服他们。而坐在旁边的人向自己表达看法时，却又好像很难进行反驳。这是因为当人与人面对面说话时，会不得不与对方发生眼神碰撞，而更容易产生敌对情绪，而当人与人左右相邻时，视线相对自由，因此更容易建立起伙伴关系。

路边的推销员也总是迅速地站到别人旁边进行搭话。因为他们非常清楚，如果面对面地推销更容易遭到拒绝。

如果巧妙地运用这个效应，就能在会议上使自己的意见更具说服力。比方说，当你非常想让“A”意见通过的时候，千万不要坐到持有“B”意见的人的正对面。因为这样太容易遭到反对，对自己十分不利。

最好和你的支持者事先打好招呼，让他坐在你的正对面，然后跟他一唱一和，不要给任何人留有反驳的机会。这样做的效果非常显著，因为这很有可能会使你的反对者迫于现场氛围难以提出反对意见。

座位决定说服力

## 两面性与判断句让人具有说服力

我们经常能在杂志上看到所谓“性格诊断”“性格占卜”的分析结果。这些“分析结果”基本上离不开下面几种说辞：

1. 虽然你有一些缺点，但大部分时候你都有办法弥补。

2. 有时你表现得善于社交、平易近人，但同时你也有内向谨慎消极的一面。

3. 虽然你是个浪漫主义者，但平时你会将它藏于心底，表现出高冷的样子。

美国心理学家福勒给大学生做了一个虚构的性格测试，并按照上文中的表述方式（判断句式 + 描述事物两面性）随机地制作出各种“诊断结果”发给他们，再让学生们对“诊断结果”和自身特质的契合度进行打分——0 分（完全不同）最低，5 分（非常正确）最高——结果得到了平均分 4.26 分的高分。

一般来说，判断句更容易让人相信。因为人有一种希望让他人了解自己、获得身份认同（identity）的本能欲望。“你具有外向和内向的两种性格。”——尤其当对方指出自己具有的两面性的时候，基本上所有人都会打心底里对这个推论深信不疑，误以为这描述的就是自己。随后人们以实验者的名字对这个现象进行命名，称之为“福勒效应”。同时，为了表达对著名魔术师巴纳姆的敬意，它有时也被称作“巴纳姆效应”。

## 午餐技巧

如果和别人一边吃饭一边交谈，很容易对对方产生好感。

这并不仅仅是因为当时两人谈得十分尽兴。真正的原因是:“人在吃饭时容易相信对方的说辞。”对这一现象的活用方法被称作“午餐技巧”(luncheon technique)。

**小知识**

“午餐技巧”(luncheon technique)——人在进食过程中对他人意见的接受程度会更高的现象。这是美国心理学家葛瑞格利·拉兹兰在对进食的快感和进餐时的记忆关联性进行研究时所提出的概念。

美国人做了下面这样一个实验。他们让参加者一边嚼花生米或口香糖,一边阅读论文。结果,对于“要想找到癌症的治疗方法,还需要几百年的时间”“再过几个月就能让普通人踏上登月之旅”这样站不住脚的观点,有不少人认为它们的可信度非常高。相反,另一组嘴里什么都没有吃的人则对这些观点持有怀疑。

人在进食的时候,很容易被人说服,甚至可以说是一种容易上当受骗的状态。对这个现象产生的原因众说纷纭,有人认为,这是因为人在咀嚼时,注意力会被牙齿、舌头和喉咙的感觉所吸引,导致脑内的紧张感和批判能力受到了抑制。还有人认为,当嘴里有东西的时候,人无法自由地进行发言或反驳,导致产生一种“今天就算了吧”的懈怠心理。

专栏

## “内在动机”和“外在动机”的相互转化

第三章中对自古以来就受到重视的“内在动机”进行了大致介绍。但是市川认为：“第一，人很难突然就产生内在动机，有的人最开始是受外在动机所驱动的，随后在此过程中外在动机慢慢转化为内在动机；第二，人在学习时不仅仅受到外在和内在动机的影响，应该还存在更多样而复杂的动机。”于是他根据“重要性”和“功利性”将动机细分成 6 种，并将此模型称为“双要因模型”。

| | | |
|---|---|---|
| 充实方向<br>学习本身很有趣 | 训练方向<br>为了培养智慧 | 实用方向<br>为了活用于生活和工作中 |
| 关系方向<br>被他人带动 | 自尊方向<br>源于自尊心和竞争意识 | 报酬方向<br>作为获得报酬的手段 |
| 弱（轻视） | 学习的功利性 | 强（重视） |

学习动机的双要因模型

确实，当人一下子没法感受到学习的“充实感和乐趣”的时候，可以向其展示学习的“实用性”，或是激起其“自尊心”，也可以借自己朋友或同事的身份带动对方，然后再慢慢地导入内在动机，这样做也是挺有效果的。

# 04
# 观察洞悉的心理学

## 概要：将语言和行动一般化的心理学

前文提到的“对现象真正含义的检验”“心理实验、心理调查”在某种意义上可以说是一种“速战速决”的研究方法，因为在这些实验中，我们往往可以当场或是在几天内得到结论。

但研究心理学的方法还有很多。通过对某个特定人物的长期观察或调查，也可以弄清楚很多事情。尤其是研究婴幼儿成长的时候，更多现象是必须通过长期观察才能了解的。还有一些问题，只有那些常年接触患者的、经验丰富的心理治疗师才能察觉到。

“对现象真正含义的检验”和“心理实验、心理调查”这两种研究方法，因为它们都以集体为对象，横向地展开实验调查，并同时在集体之间进行比较，因此被称作“横向研究法”

（cross-sectional study）。

对此，以观察为主的心理学指的是，通过对某一特定个人的持续观察和记录，以确定事物真伪的研究方法。因其花费大量时间对目标进行纵向追踪，故被称为“纵向研究法”（longitudinal study）。

这个研究方法的有趣之处在于可以知道“时间会给人类的心理带来怎样的变化”。同时还能深切地感受到，每个人在生活中都经历着无法避免的变化、规则和倾向。

本章将集中介绍那些具有代表性的纵向研究法。

# 01 『顿悟』是如何出现的？

## “顿悟”的原理

### 将已有的知识进行拼接

有时，伴随着强烈的领悟感，我们会突然对那些本已熟知的东西产生更深刻的理解。这个现象在心理学中被称为“顿悟”（insight）。

某些概念我们虽然原先就知道，但由于信息与信息之间没有“关联性”，导致我们并不能了解其真正含义。而“洞察”则帮助我们找到了关联性。苛勒在对黑猩猩的活动进行观察时也发现了类似的现象。苛勒观察到，当把香蕉放在黑猩猩伸手够不着的地方时，黑猩猩会将两根芦苇秆接在一起，成功地取到了香蕉。苛勒记录下了全过程，并产生了浓厚的好奇心。

**小知识**

沃尔夫冈·苛勒（Wolfgang Kohler，1887—1967）：德国（后渡美）心理学家。他强调黑猩猩的突破来自顿悟，而不是“试错”所导致的偶然结果。

最开始，黑猩猩为了取到笼子外面的香蕉，伸手握住一根芦苇秆试了一段时间，结果还是够不着，便放弃挑战开始做起其他事。过了很长一段时间，当黑猩猩把玩两根芦苇秆的时候，偶然地将较细的芦苇秆塞进了粗的芦苇秆中，之后它立即把目光投向那根原已放弃的香蕉，并很快就将香蕉拨了过来。

当黑猩猩在玩耍时，“顿悟”突然出现在黑猩猩大脑里，使它看穿了一根芦苇秆够不到的距离与合并后的长秆之间的关联性。而且，经历过这一次成功，黑猩猩就彻底学会了这个技巧，把它变成了自己的知识，学会通过拼接工具来获得远处的食物。这就是“顿悟”，换句话说，这就是“灵光一现”的典型案例。

**小知识**

“顿悟”——在解决问题之际，并非通过一次又一次的试错来寻找解决方法，而是将已有的信息相关联、整合在一起后立刻找到解决方法。通过顿悟学会的行为也适用于其他同样的问题。

## 创造性事件发生之时

确实，“顿悟”对人类的学习起到了重要作用。研究人类知识保存方式的心理学家罗拉记录了自己的女儿米莉安学习加法的过程，并发现，在此过程中，“顿悟”起到了举足轻重的作用。虽然米莉安当时才六岁零三个月，但她已经具备了这样的加法能力。

1. 个位数之间的加法。

2. 通过掰手指数数的方法进行两位数的加法。

3. 以十为单位的加法，比如将“55+22”分为“50+20”与“5+2”相加。

在此阶段，米莉安需要面对的问题是，她无法理解个位到十位的进位。如果让米莉安计算“55+26”，她就只能先以十为单位进行计算，然后用掰手指往上数（先算出 55+20=75，然后从 76 开始掰手指数到 81），而无法直接进行笔算。不仅仅是米莉安，许多小学生也容易在这个问题上栽跟头。接下来我们来看看米莉安与她父亲的对话。

父亲：“米莉安，你还记得自己是怎么掰手指数数的吗？7+2 你是怎么算的？”

米莉安：“答案是 9。”

父亲：“我知道你得出了答案。但我问的是在知道答案之前，你是怎么算的？”

米莉安：“（掰着手指）7、8、9。”

父亲：“再往前一点儿，像去年那样。”

米莉安：“（张开双手，弯曲右手中指，再用手指表示出7和2，然后数到9）不过我已经不会再这样做了，再出点更难的问题呀。”

父亲：“37+12呢？”

米莉安：“（表现得十分惊讶）等于49。”

这时米莉安的脑内发生了什么变化呢？对此罗拉是这样说的——

“她已经理解了以十为单位的加法计算，以及依赖数数的计算方法，并且能将它们运用在计算中了。但这个时候她还尚未理解，这两种方法都属于加法，只不过形式不同。她会根据问题在这两种方法之间进行选择，但没有把两种方法联系起来，反而在使用一种方法的时候还会抑制另一种方法。但通过和我的对话，这两种计算方法同时涌入米莉安的脑海，在那一瞬间，她发现了两者的关系，也就是说，她明白了这两种方法虽然形式不同，但都具有同样的意义（加法），可以将它们组合起来进行使用。这时便产生了顿悟现象。”

“顿悟”是不会突然出现在空空如也的大脑中的。通过他人的暗示，发现已有知识之间的关联性时，才突然注意到重点。认知心理学的研究表明，具有创造性的人，首先具备大量知识，并总是将其输出给他人，以寻找知识之间的关联性。

## “回忆循环”永不停息

### 强制回忆就像问题解决

我们在第二章中介绍重构记忆的时候，提到了当人进行对话时会产生虚假的记忆。

威廉斯等人将焦点对准个人，并通过观察发现，人在试图强行唤醒已经想不起来的记忆时，经历的步骤和“解决问题”几乎一模一样。

他们选取了高中毕业 4 年至 19 年的人为对象进行实验，半强制性地要求他们回想起自己同班同学的名字，然后对他们的状态进行观察。与此同时，他们还要求这些老毕业生将回忆时所产生的想法也逐一进行口头描述。这是心理学中的常用观察方法，因其需要即时说出自己的所有想法，故被称为“出声思维法”（think aloud）。

**小知识**

回忆——经过一段时间后将原先储存在大脑里的记忆提取出来的过程。只有通过回忆才能确定记忆是否已被保存。记忆的过程分为铭记（编码）、储存、回忆（读取）三个阶段。

最终，经过10个小时的冥思苦想，每名受试者想起了90～200个同学的名字。但是威廉斯等人在意的并不是他们想起了多少名字，而是从受试者关于“如何回忆”的口头描述展开分析。

结果表明，回忆的方式和人类解决问题的步骤极为相似。认知心理学中的“解决问题”指的是将“情景设定”“探索”“确认”这三个步骤组合在一起之后所实施的行为。也就是说，要先明确问题点，随后寻找与问题条件有关的信息，最后对得到答案的合理性进行自我评估。据威廉斯所说，人在回忆时采取的也是相同的步骤。

首先，什么是“情景设定”呢？其实就是让你设定回忆的情景，比如说：“试着回想一下，那个民谣歌手唱歌时发生过的事情。”后来我们知道，所有接受实验的老毕业生们，都借助了这个方法来丰富有关同学的线索。

其次，我们来说说“探索”，这是一个在设置好的情景之下对回忆的对象进行探索的过程。按照上面的例子来说，就是：“当你在听民谣的时候，旁边有没有你的同学？”

最后，则要“确认”你在探索过程中所回想起来的东西，是不是你最开始想要的，那个陪你一起听民谣的，真的是你的高中同学吗？——这就是“确认”的过程。

威廉斯等人发现，上述三个过程，和解决问题的过程几乎完全相同。

## 开始回忆后就停不下来

威廉斯等人还发现，和解决问题的过程一样，人在进行回忆时，上述的情景设定、探索、确认这三个过程的排列并不是直线性的，而是“递归性”（recursive）的。也就是说，如果对这三个过程再进行仔细观察就会发现，每个过程中分别又存在更小的情景设定、探索和确认过程，最后就会像树状图一样无限延伸。

比方说，为了想起“民谣歌手唱歌时”和自己在同一现场的人是谁，这个时候我们又必须设定一个新的情景进行探索。

“那时正值学校文化节，我们集中在大讲堂里。”——像这样，一点一点追加新的条件，丰富原有设定，然后在新的条件下再次进行探索和确认。威廉斯等人在实验中也观察到了上述现象。

因为记忆的读取是递归式的，所以很多人一旦开始回忆，便根本停不下来。就算威廉斯等人示意那些已经说出足够多名字的人可以停下来了，但多数情况下，他们仍会进一步对那些人物的过去进行探索。这个现象被称为“过度回忆”（overshoot）现象。

研究教育课程（curriculum）的学者松木文隆等人通过对文章记忆进行实验后发现,回忆的确具有解决问题时的特性。他们让受试者阅读两千字左右的文章，三周后对文章的内容进行提问，并将这个过程记录了下来。他们也借助出声思维法，要求受试者把回忆时的脑内活动一一描述出来。

结果他们发现，当受试者一时无法给出答案时，会采取一种独特的记忆探索方式。比如以登场人物行动的先后顺序为线索——“他先站起来，然后……”还有人倾向于创造具体情景，然后在自己的印象中进行探索——“我记得，当时晴空万里……”通过仔细地观察，能够更清楚地了解到，威廉斯等人口中的由情景设定、探索和确认这三个阶段组成的“回忆循环”，是如何体现在实践当中的。

据图威所说，回忆是“被改造过的”，也就是说大部分的回忆都是重构性的。如果你觉得回忆就是查阅脑内图书馆的书籍（记忆），这其实是一种错误的想法。基本上，人类都有愿意积极回忆往事的一面，但也都希望由自己决定“该回忆什么”。所以在考试、实验这类强迫人回忆的情况下以及其他缺乏回忆积极性的时候，人就会以解决问题或是猜谜的心态来进行回忆。

**小知识**

问题解决——当以原有的方法无法完成目标时，创造出新的观点和做法来寻找解决办法。

# 03『强制回忆』会欺骗自己

我们在前文中说过，人在回忆时会经历类似解决问题的过程，据观察，回忆这个行为本身也导致了“虚假记忆”数量的增加。当然了，这要在强制的，而且是在反复强制的情况下才会发生。

但与此相反的是，人反复回忆的次数越多，就越会对自己深信不疑，认为自己的回忆“绝对没有错”。所以，随着时间的推移，不管是正确的信息还是错误的信息，在大脑里都会变成事实。但实际上，当人受到他人提示，被动想起的记忆内容，基本上都符合事实。

## 强制回忆会增加“虚假记忆”

前文提到的威廉斯等人的观察实验清楚地证明了这一点——就是那个让受试者回忆同学名字的实验。

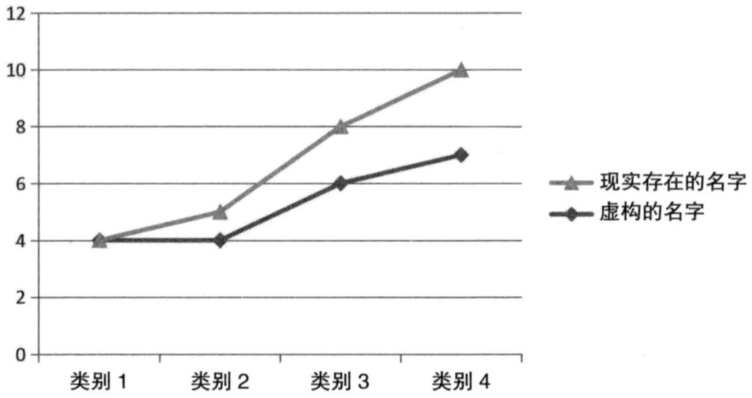


同学名字的回想实验

在实验中，威廉斯等人会要求受试者“尽可能想出更多的同学的全名”，而且不止一次，有时还会催促他们“再加把劲儿，你还能想出更多名字才对”，半强制性地让他们进行回想。然后不断重复上述过程，促使他们想起更多名字。

得出的结果如上图所示。根据上图可知，虽然较为勉强，但越是努力地进行回忆，“现实存在的名字”，即正确答案的数量确实是在一点点增加的。

但值得注意的是，说出“虚构的名字”的受试者也突然增多，“虚假记忆”的产生率更为急剧地增加了。

## 第一次想起的记忆是最正确的?

在进行了类似实验时，结果同样表明，反复回忆容易诱导“虚假记忆”的产生。

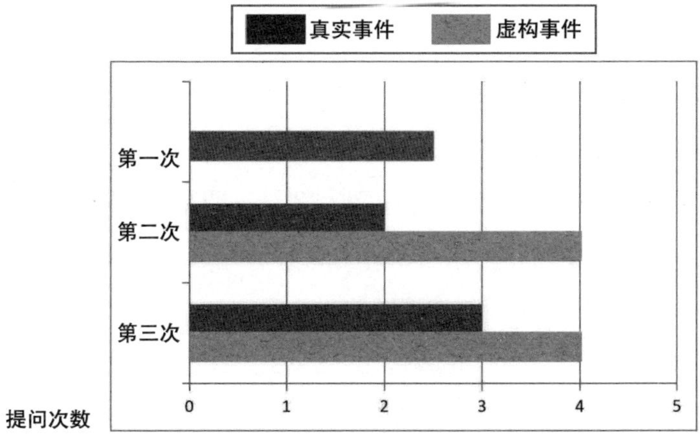


事件的目击信息调查

有趣的是，在第一次的回忆中根本观察不到上述现象。以事件的目击信息为对象进行调查后也发现，“虚假记忆”的增加是在第二次、第三次的重复笔录之后才出现的。

由上图我们不难发现，第一次的回忆在量上虽然不多，但至少不会产生虚假记忆。

因此，如果你是面试官，在决定是否录用面试者的时候，要是花太多时间回忆“他是怎样的一个人”“他说了些什么”的话，从心理学角度看是十分危险的。

如果随意对记忆进行探索，反复进行回想，将有很大概率产生“虚假记忆”。

**要想看透一个人，必须对原有情报进行更新**

如果记忆比较模糊，最好选择再和对方见一面，或是通过电话进行交流，更新“真实信息”，增加对对方的了解，这样才不容易出错。这对相亲和联谊这类男女邂逅的情境也是通用的。

还有人认为，哪怕没有反复回忆，只要经过一段时间，记忆也会慢慢扭曲。因为“见面时自身的感受”是一种“感觉”记忆，它会随着时间的推移而发生改变。

也就是说，不仅有关对方的信息会发生歪曲，连类似“自身感受”这样属于自己记忆的东西都会随着时间流逝而慢慢模糊起来。据观察，像“感动”“合不来”这样直观的记忆可能过了一个月就会完全变样，也可能被我们遗忘。

**小知识**

情节记忆（episodic memory）——与过去的特定经历相关的记忆，当时的时间、地点、状况、感情等要素都能记得十分清楚。与此相对，通过各种一般知识和概念的积累而形成的记忆被称为“语义记忆”。

## 权限的本质与“刻板印象”

在美国，展开“虚拟面试”，然后对面试官和面试者的对话进行观察的研究非常流行。

这个研究常见的着眼点是“面试官有多大的权限”（录取与否的决定权），因为权限会给面试情况带来很大变化。

比方说，当录取的决定权单独掌握在一个人手里的时候，面试官很容易凭自己的刻板印象对面试者进行判断。对“性骚扰式的提问是如何产生的”这一问题展开的调查恰好证明了上述观点。

观察的点非常简单，只需记录男性面试官向女性面试者提出的问题便可。

然后告诉三分之一的面试官："你的评价将决定她是否被录取（高权限组）。"再对另外三分之一的面试官说："你的评价对她被录用与否不会产生直接的影响，仅供参考（低权限组）。"

接下来这点就比较具有独创性了，对于剩下的那三分之一的男性，实验者没有提及他们是否拥有决定权，但实验者们谎称"为了收集评价"，在面试前，面试官们需要先观看成人片（观看影像组）。这是为了诱导他们以性的眼光看待女性面试者。而面试的观察结果表明，与低权限组的面试官相比，高权限组的面试官经常做出下列举动：

1. 与女性面试者过于接近。

2. 总盯着女性的身体看，而不是脸。

3. 提出属于性骚扰的问题。

上述现象发生在影像观看组身上倒也没什么意外的。

这个研究的震撼之处在于，观看了成人片的面试官们之后对女性做出性骚扰式的举动从某种意义上还算可以理解，但本被认为和性没有关系的"权限"因素，居然和成人片具有同样的效果。

**小知识**

"刻板印象"（stereotype）——渗透在大众之中的千篇一律的认识或固定观点，尤其指那些不可靠的成见和臆想。

一般来说，当人类获得了很高的权限之后，就会变得过度相信自己的信念和意见。所以他们才会觉得基于“刻板印象”（在这里指“女性是性对象”的“刻板印象”）的判断是正确的。

**人的错觉**

还有研究对面试时权限带来的效果进行了更详细的调查。通过对上司的不同表述及面试官的权限大小进行细微调节，然后观察面试官的面试态度会发生怎样的变化。上司的表述如下：

“这个人是否被录取其实已经决定好了。”——0％的权限。

“姑且由你进行面试，但录取与否和你的意见没有太大关系。”——10％的权限。

“目前还不知道面试会不会影响到录取。”——50％的权限。

“面试会对录取产生很大影响，但并非最终结果。”——70％的权限。

“她能否被录用全看这次面试。”——100％的权限。

从实验结果发现，完全获得录取决定权的面试官和刚刚的性骚扰实验一样，有很多“刻板印象”式的判断。

果然，只要权限过大，就会让人过度自信，难以发现自己对他人的“刻板印象”。

另外，权限要是太小也不行。因为这样反而会减少人的积极性，使人不能正确地看待对方。不感兴趣时，人容易变得相对乐观起来。因为当人厌烦批判性思维的时候，就会产生“乐观偏误”（positive bias）。从结果看，考虑时间最长、最愿意正确看待他人的面试官是获得 70％的权限的人。

面试官的权限与态度的关系是？

也就是说，虽然决定权基本在自己手上，当别人也拥有 30％左右的权限能与自己一起做决定时，人就能够最准确地洞察对方。

当事情完全由自己或完全由他人决定时，人就容易产生错误的判断。

# 05 高学历的人能胜任工作吗？

## “学历刻板印象”甚至会影响人性

### 学历与工作能力无关？

在最近几年的面试中，为了防止偏见的产生，隐藏学历的面试方式似乎正在增加。想必背后应该有“不想被学历所欺骗”的想法在起作用吧。但从概率学角度想想，在青少年时期付出了相应的努力，成功考上好的大学并顺利完成学业的人，在大多数情况下，具备优秀潜质的“概率”都不会太低。

实际上，高学历的人在进入公司后会有哪些表现呢？对他们进行追踪观察后发现，“掌握工作的速度”“不服输的精神”“专注于工作的时间长短”这些表现和学历之间的确存在很高的关联性。

但是，就像第二章中提到“美女三天看厌”的原理一样，因为对高学历者的期待值更高，相应地，他们只要犯一些小错误就会让周围的人突然感到幻灭。也就是说，高学历未必一定有好处，他们走入社会之后有时反而会吃更多的亏。

因此，当我们尝试了解对方时，事先了解对方的学历也很重要。不论是面试还是相亲，至少在对那个人的“工作能力”进行推断时，学历并不是偏见，它其实是重要的参考信息。认为“学历与工作能力无关”而无视学历，就等于主动忽视了与对方有关的重要信息，从概率上看也是要吃亏的。

**关于学历，更严重的偏见是什么？**

比起工作能力，关于学历的“刻板印象”里最严重的其实是关于他们“性格”的偏见。在某观察研究中，实验者们让受试者对视频里出现的男性进行观察，并对其人格进行推测。事先对一半的受试者介绍道：“他（视频中出现的男性）是毕业于 ×× 大学的博士生……”对另外一半受试者则不提供这一类信息，两组人观看的都是同一个视频。视频中，一个年轻男性正和某人进行谈话，但他基本上没有张口，而是微笑着聆听对方说话。

**小知识**

人格（personality）——每个人所拥有的遗传性资质或生理特性被称为“气质”，由这个气质所引起的行动和积极性的倾向被称为性格。而人格则是包含了这些气质和性格的一个整体。

观看结束后，事先得知该男子有高学历的受试者中，有60％的人推测他的性格“十分内向、腼腆”，然后慢慢转变为“深谋远虑、沉着镇静”等正面的评价。事先什么都不知道的受试者中，有75％的人给出了类似“一言不发十分无趣”“傲慢”的负面评价，然后渐渐转变为“他总是笑嘻嘻的，一副目中无人的样子”。

结果表明，尽管两组人观察的都是同一个对象，但评价却截然相反。只要有了“高学历”这样的关键词，就连其一言不发的姿态都会给人一种聪明而内敛的印象。实际上也未必如此吧，生活中既有目中无人且沉默寡言的高学历人士，也有不少内向且不爱说话的非高学历人士。但“沉默寡言的知识分子”则会让人对其产生过高的评价。

## 如何避免学历偏见？

一般来说，当我们对眼前的人没有兴趣时，就会受“无所谓”的意识影响，而不愿进行仔细考量，容易做出带有“刻板印象”的判断。观看了“沉默男人”视频的受试者们就是这种情况。

就算对对方很感兴趣，但如果和“个人得失”关系太深，就会出于保守选择打出“安全牌”，此时，人就会依赖于“刻板印象”。比方说，当进行风险投资时对搭档的选择，以及女性选择结婚对象的时候，都会异常地拘泥于学历。看来学历的确具有很大的威力。

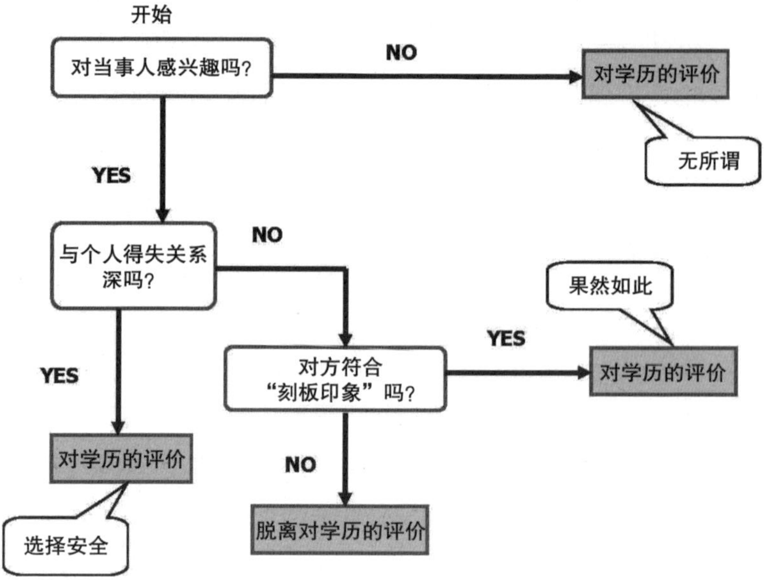


为什么会产生对学历的“刻板印象”

也就是说，要“既感兴趣，又不影响到自己”——只有维持了这种微妙平衡时，才能最公正客观地观察对方。

还有实验表明，对方必须采取一些偏离“刻板印象”的意外行为才能摆脱对学历的“刻板印象”。比如说，高学历的人喋喋不休地谈论演艺圈的传闻；尽管学历不高却讨论宗教对立问题……如果对方的行为与学历存在强烈反差，人就会开始敏锐地斟酌：“那个人的性格到底是怎样的呢？”但如果没有强烈的反差，就还是会被“刻板印象”所影响。

将学历与工作能力挂钩，在某种程度上可能还说得过去，但以学历推测性格则不符合逻辑。

## 06『闻一知十』的人具有创造思维

### 活用类比

#### 进行类推的思考本能

跟从来没有学过英语的人相比，学过英语的人在学习法语、德语时能够更快地掌握学习方法。因为法语有类似英语的主谓宾结构和与日语不同的语法及习惯用语，在学习法语时可以将这些知识带入并进行类推。

人类的学习并不是像在白板上写字那样，每次都往脑子里输入新的知识，而是与已经输入的旧知识（在心理学中称作“已有知识”）相结合，发生关联，然后再产生新知识。要想丰富知识量，重要的是对已有知识之间关联性的理解，而非对新知识的死记硬背。面对新的场面和问题时，积极地利用已有知识解决问题的行为在教育心理学中被称作“迁移学习”或“类比”。

“类比”指的是，在A与B之间成立的关系，也可成立于C与D之间，将AB之间的关系代入CD之间，发现两者之间具有相似点的大脑认知。为了证明这一点，岩男卓实谎称“乌鸦具有制造出维生素K的能力”，结果很多人都类推道，“那么鸽子身上应该也有维生素K吧”。

**小知识**

岩男卓实（1968—）：日本认知心理学家。研究主题是思考与决策。同时也在对归纳推理的思考模式以及类推的教育援助进行研究。

## 具有创造思维的人的着眼点在哪儿?

当提到新方法时，人们一般都容易想到类似于“无”中生“有”的创造。但在现实中，这样的事情几乎是不可能的。根据围绕“发明”进行的研究可知，近几年几乎所有的发明都借用了以前就已经存在的方法，通过改变角度而提炼锻造出新的“有”。比如说物理学家卢瑟福，受行星围绕太阳进行公转这一“太阳系模型”启发，想象出了原子核周围也环绕着电子的“原子模型”，这就是由类比带来的巨大发现。

但是，尽管类比十分重要，但如果类推时只观察表面，也无法像卢瑟福一样获得重大发现。认知心理学家基克等人经过观察发现，要想创造出新的事物，必不可少的是抽象度高的类比。

那些对现象进行观察时只能看到事物表面的人的类比能力往往比较低。只有对现象的构造和原理感兴趣的，习惯从更多角度对事物进行观察的人，才可能做到有效的类比。基克等人对受试者提出了如下问题——

“为了攻陷一个要塞，我们需要一次性派遣一万大军。但要是同时让一万人行军，可能会引爆地下的重量感应地雷，导致路面全毁，那么我们究竟应该怎么做才能把全军一次性送进要塞呢？”

这个问题的其中一个正确答案是：“将大军细分为几个小分队，从各个角度成放射状攻入要塞，然后在要塞集中兵力。”

从这个故事中我们能类推出什么呢？只具有表面类比能力的人应该只会说出类似“战术真是太深奥了”“地雷的威力真大”这样受表象影响的低层次感想。这些感想虽然没有任何错误，但这种程度的类推是很难运用到其他事物上的，更谈不上新事物的创造了。

但如果有人能够着眼于“将兵力分散后再聚集起来”这一故事的根本要点，相信他一定能将类比的能力运用在其他课题之中。对于自己“在这个故事中学到了什么”进行确认，并试图将其活用于今后课题的行为被市川伸一称为“归纳教训”，如果这个归纳教训的程度够深，相信一定能够回答出下面这个问题。

“只要用激光照射肺部的癌细胞，患者的肺癌就能被治愈，但如果受到激光的强烈照射，周围正常的组织也会遭到破坏。那么我们应该如何对肺癌患者进行治疗？”

这个问题虽然比较复杂，但基克等人表示，只要运用上面“要塞问题”的关键点进行类推训练，有75％的人都能得出正确答案。这个问题的答案是：“用微弱的激光从身体的各个角度进行分散照射，并让光线集中于癌细胞所处的位置。”

在认知心理学中，一般认为“创造并非无中生有，而是将过去已有的知识进行巧妙组合的技术”。

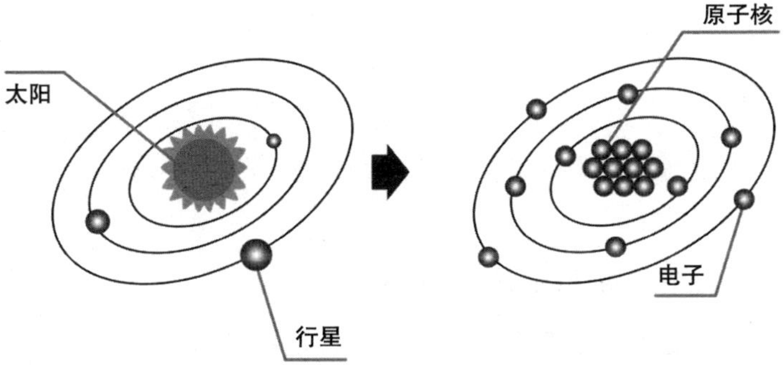


由“太阳系模型”进行类推发现“原子模型”

# 07 家长和孩子是如何形成亲子关系的？

## 名为"母子相互作用"的心灵感应

### 只有婴儿听得懂的"妈妈语"

婴儿最开始不管想表达什么都会借助哭的方式。但他又不能告诉我们自己究竟是为什么哭。因此，家长会努力地寻找原因，并抱起孩子，和他说话，试图让孩子安静下来。

母亲和孩子说话时，会用一种咬字缓慢而清楚、大声且有抑扬顿挫感的说话方式。这在发展心理学中被称为"婴儿导向语言"（motherese），直译之后就变成"妈妈语"，因为擅长接触孩子的大人会习惯性地以这种说话方式和孩子进行交流，所以有时候"婴儿导向语言"也被称为"育儿语"和"养育语”等。最近英语圈还把它称作“父母语”（parentese）。

根据正高信男的观察记录，在给孩子读图画故事的时候，如果借助婴儿导向语言，就能够提高孩子对图画故事的注意力，还能使婴儿表情更加丰富，还会经常附和大人的说话。虽然最初对婴儿导向语言感到不好意思的家长也不在少数，但只要用这种方式说话，孩子的表情就会发生明显变化，并且会发出声音回应大人，所以那些原先感到害羞的大人也会慢慢开始刻意使用婴儿导向语言，在育儿方面越来越得心应手。

**小知识**

正高信男（1954—）：出生于日本大阪。毕业于大阪大学人文科学系，并在大阪大学研究院人文科学研究科获得了博士学位。京都大学灵长类研究所教授。专业领域为认知神经科学。灵长类交流研究的第一人。

儿科医生布雷泽尔顿等人表示，家长越多地跟孩子说话，婴儿就会越积极地发出声音回应。家长盯着孩子看的时候，孩子也会反过来笑眯眯地盯着家长看。这样的相互作用是婴儿生来就有的本能。大脑生理学家怀尔德等人进行的著名实验证实了这一点。他们的实验证实了，哪怕是出生数小时的婴儿，也会对父母张嘴闭嘴、伸舌头等表达喜怒哀乐的表情进行模仿。他们将这种与生俱来的反射性模仿称为“原始模仿”。

## 婴儿受人喜欢的原因

家长时而用育儿语跟孩子说话，时而抚摩孩子让他感受自己的体温，看上去是家长给了婴儿很多刺激，但这其实并不是单向的。研究人类先天能力的克劳思等人表示，婴儿也同样地将声音、表情、视线、体温、味道等信息传递给大人，这会让家长的反应更加强烈，也就是说，亲子之间正在进行“爱意的相互提高”。

所有动物小时候都非常可爱。当人还小的时候，脸鼓得圆滚滚的，两眼间隔较大，眼鼻口在头相对较下的位置。大家试想一下动画里的角色或是其他自己觉得可爱的东西就能明白，正是婴儿的这种特征让人对其心生怜爱，自然而然地激起大人的“养育行为”。这也是所有需要养育者抚养的动物所生而具有的、维持生命所需的重要特征。

石野洋子致力于研究母性的发展，她认为“怕生”是激起养育者怜爱之情的另一个要因。每个孩子基本上会在出生后5 ~ 6 个月时开始出现怕生现象。在此之前，婴儿只要获得正面情绪，也就是说只要有人哄他，他就会向对方露出笑容，发出声音表示高兴。但从某一个时间点开始，如果有比较陌生的人接近他，跟他说话，或是想要抱他时，婴儿会敏感地察觉到这一点，把陌生人推开或是放声大哭，开始表达厌恶或恐惧这样的负面情绪。

但是这个时候，要是换成父母来抱他，婴儿就会立刻停止哭泣并将其紧紧抱住，表现出和刚才截然不同的反应。这说明父母和婴儿之间建立起了良好的信赖关系，在婴儿心中，父母和他人已有了明显的区别。也就是说，婴儿开始能够区分这个世界上谁对自己重要，谁对自己不重要，迈出了理解人际关系的第一步。

婴儿的这类行为会让父母欣喜不已，产生强烈的自信感，认为“只有我能给这孩子带来笑容”，与此同时，新的责任感也油然而生：“除了我以外，还有谁能抚养这个孩子？”因此我们可以认为，婴儿的怕生现象，促进了父母的养育欲望，给父母日复一日的育儿活动增添了宝贵的动力。

这种建立在亲子间相互回应之上的行为交流、感觉交流和心理交流，在发展心理学中被称为“亲子相互作用”。此作用的持续可以深化亲子羁绊，促进亲情形成。

等到婴儿能够一个人在地上爬来爬去的时候，孩子会慢慢将父母作为自己的“安全基地”，即使独自玩耍也不忘看看父母，有时一边回头瞄瞄父母，一边去稍微远一点儿的地方进行“冒险”。不仅如此，孩子还会根据父母表情的变化，瞬间判断出自己眼前的东西是否危险。这被称为“社会参照”（social reference），是集体行动的基础行为。孩子就是这样以和父母之间的纽带为基础发展自己的社会性，并为将来人际关系的协调发展打下基础的。

**小知识**

社会参照——向他人寻求情报，并主动调节自身行为的现象。当自己不知应该如何处理时，利用他人的信息进行参照决定自身行动，因此也被称为“他人参照”。

# 08 孩子的社交能力是如何形成的？

## 对父母的“依恋”也是通往社会的入口

### 最早的社交是亲子关系

如前文所述，随着孩子的成长，亲子间的感情纽带会在亲子相互作用的影响下不断加深。之后，孩子会以父母这一绝对放心的“安全基地”为中心来支撑起亲子间的信赖感。父母与孩子之间的关系也不再仅仅是亲子关系那么简单，他们还会成为孩子的依附（attachment）对象。

“依附”在发展心理学中具有重要意义。简单地说，就是想和他人建立亲密关系的依赖感，它能让你毫无根据地坚信“如果有这个人在身边就没什么好担心的”。

马斯洛运用和依附的形成相类似的观点，在他的需求层次理论中，将婴幼儿时期“基本信赖感”的获得定义为迈向自我实现的第一步。那么基本信赖感又是什么呢？比方说我们在散步时要是和他人擦肩而过，一定不会觉得对方会突然拿刀捅自己吧？这种理所当然的信任感，就叫基本信赖感。

**小知识**

亚伯拉罕·马斯洛（Abraham Maslow，1908—1970）：美国心理学家。他提出“需求层次理论”，认为只有当生理需求、安全需求、社会需求、尊严需求这些低级需求都得到满足时，人才能产生自我实现需求。

爱因斯沃斯等人认为，类似“社交性”（对他人的信赖感）这类性格的形成，是由母子之间的依附风格决定的。并且他们创造出了名为“陌生情境法”的观察方法，主要用于观察以下两点：

1. 接受实验的母子关系现在处在什么阶段。

2. 孩子具不具备将依附的对象扩大至父母之外的人的社交性。

“陌生情境法”是让父母在实验开始时就离开座位，使孩子孤身一人，然后观察孩子和父母再见面之后会有什么反应。从此方法诞生的 1978 年到现在，它一直在被发展心理学家用于依附关系的观察实验中。我为了了解母子关系的形式，也在心理治疗室里用过这个方法。

孩子的反应大致可以分成三种。第一种，在家长离开座位后没有表现出焦虑痛苦的样子，而且和家长再见面时也不会去迎接或是接近家长。这种对家长漠不关心的反应被称为“回避型”反应。如果出现了这种反应，说明亲子之间还没有形成基础的依附关系，还需要更多的亲子相互作用。

第二种，在家长离开后表现出强烈的悲伤，再见面之后其悲伤和不安也不见消减，甚至会拍打大人或是号啕大哭，采取反抗式的行为，也就是“抵抗型”反应。当孩子非常怕生的时候经常能观察到这种现象，是一种非常密切的亲子关系。

第三种，当家长离席后表现出焦虑和痛苦，和家长再见面时会采取类似呼唤的欢迎行动，情绪的张弛十分明显，属于信赖家长的“安定型”反应。处在这种依附关系下的孩子，一般会在最初以家长为“安全基地”，同时在场所内大胆地进行探索。因此，可以说这种孩子已经做好了在实际生活中能动地、社交地发展人际关系的准备。

### 玩出社交性

柏登着眼于孩子与他人关系的发展，以两岁以上的孩子为对象，对幼儿的玩耍过程进行观察。

经过观察，柏登等人发现孩子的游戏可以分成以下六种：“没有参与的行为”→“旁观者的行为”→“单独游戏（旁边虽然有人，但都独自玩心仪的玩具）”→“平行游戏（和旁边的小朋友玩相同种类的玩具和游戏，但都沉浸在自己的世界中，不与他人交流，比如在沙滩上各自堆山）”→“联合游戏（虽然和其他孩子一起玩，但总是以自己的意愿为主，各自玩自己想玩的）”→“合作游戏（和其他孩子抱有相同目标在集体中游戏，并有明确分工，如捉迷藏）”。他们还指出，随着年龄的增长，孩子的游戏模式和游戏种类也会相应增加。

许多研究者经实验也发现，孩子一般都具有从单独游戏发展到集体游戏的倾向。

对“游戏”的原理及构造进行研究的森楙认为，孩子之所以能够在集体里进行游戏，是因为其“游戏能力”得到了提高。

1. 创造能力：对各种事物感兴趣，为游戏动脑筋的能力。

2. 相互作用能力：给其他孩子带来影响或回应，愉快地和人相互合作的能力。

3. 组织行动力能力：理解分工和遵守规则的能力。

这告诉我们，要想参与集体游戏，只有创造能力是远远不够的，还要能和朋友愉快地交流，遵守大家一起决定的规则，这样人才能渐渐拥有社会性。在童年时期，以与养育者之间的依附关系为基础，孩子通过和同年龄孩子的游戏获得的社交性，与将来孩子能否在集体生活中拥有适应性并成长为社会性人类息息相关。

**小知识**

玛丽·爱因斯沃斯(Mary Ainsworth, 1913—1999)：美国发展心理学家。为了对一岁幼儿的依附行为的成长进行评价，运用“陌生情境法”，观察孩子在与养育者分别及再见面的过程中所表现出来的感情与行为上的差异。

# 09 『友情』的诞生

## 了解“独立性”会使人成熟

### 朋友的含义会不断变化

当孩子进入青少年时期，经历了心理性断乳之后，会开始喜欢和同龄人组成闭合的交友关系。青少年心理学家宫下一博认为，这个时期能否与同性建立起深厚的友谊，会给孩子以后的内心成长带来很大影响。

而且，青少年时期获得的友情类型将会在很大程度上影响到孩子成年后的社会人际关系。还有人指出，青少年与同性的相处方式，会成为今后与异性形成恋爱关系的雏形。

对成长与孤独感的关联进行研究的落合良行等人经观察发

现，交友关系中存在四种典型模式。此研究着眼于“由深至浅”“由广到窄”这两种交友方式的程度变化，这四种交友类型如下。

1. 浅而广的类型：和谁都能交朋友，但在人际交往中从不与人交心。

2. 浅而窄的类型：不与人交心，只和特定的人交朋友。

3. 深而广的类型：试图和所有人交好，并且希望获得大家的喜爱。在交友关系中积极地展示出真实的自己，想要与他人相互理解。

4. 深而窄的类型：只积极地接触特定对象，并和他们共享自己的秘密。

按照上述框架，他们以中学生和大学生为对象进行调查，结果发现，初中生中最多的交友关系类型是“浅而广类型”，高中生中最多的交友关系类型是“深而广类型”，而大学生中最多的交友关系类型则是“深而窄类型”。一般来说，从中学生成长至大学生的过程中，交友方式会由“浅”变“深”、由“广”变“窄”。

## 把友情的破裂变为“成熟”的食粮

据落合良行所说，迎来第二性征期之后，青少年会开始在意对方“愿不愿意理解自己”。虽然在孩子还小的时候会有向家长倾诉的倾向，但他们会渐渐地发现家长并非完全了解自己，于是就会向同龄的朋友进行自我揭露，并相互产生强烈的影响，有时候还会进入相互依存的状态。发展心理学将孩子总是通过和同龄人“混”在一起来获得安心感的时期称为“帮团年龄”（gang age）。

**小知识**

“帮团年龄”——指孩子从 8 岁到进入青春期为止，主动地建立同伴团体，社会性又得到进一步成长的时期。此时他们会排除不同年龄段的孩子，哪怕是同龄人也只和一小部分自己认同的进行交流，封闭性极强。

但接下来孩子就会发现，那个朋友并不像自己所期待的那样了解自己。在这样的友情关系中经历喜悦与失望时，他会渐渐了解到“不存在和自己一模一样的人”“人不可能完全理解对方”，也就是说他会发现人是具有“独立性”的。

在开始察觉到人的独立性的青少年里，也有一部分会将自己封闭起来，认为既然无法互相理解，那不和人交往便是。“虽然没办法做到百分百的相互理解，但我们可以尽自己最大的努力去理解他人”——只有当青少年能以这种心态看待问题时，今后才能以社会性动物的身份融入集体之中。

所有人在内心深处都是孤独的，只有在明白这一点的情况下与朋友进行交往，才能慢慢学会享受人际关系的成长过程。

## 现代人际关系的特征

与现代青少年特有的人际关系有关的心理学研究从过去到

现在一直没停过。尤其是20世纪20年代中期之后，开始有人指出，青少年在交往过程中会避免人际关系的深入；为了不给别人带来不好的印象而时刻警惕着；因为不想给对方带来伤害，对表面的圆滑关系感到满足。本来，埃里克森把青少年时期称为“惊涛骇浪期”，称这个时期的青少年要饱经苦恼，与内心的矛盾作斗争。但在现代日本青少年身上却难以观察到这种特征。由此可知，“时代性”会影响友情的形式。

**小知识**

爱利克·埃里克森（Erik Erikson，1902—1994）：德裔美籍心理分析学者、发展心理学家。重视自我与社会的关系，将人类的社会心理发展分为八个阶段，并创造出了“身份认同”概念。

对青少年时期的人际关系进行研究的学者冈田努于2007年列举了现代青少年人际关系的六种特征。

1. 关系稀薄：虽然表现得十分乐观开朗，却会避开严肃话题。

2. 好群居：朋友很多，受人评价最高的地方是其“搞笑”技能。

3. 温柔：比起对对方的关怀，更重视平稳地敷衍了事的技巧。

4. 避开矛盾：说话时尽可能避开冲突，选择互相迎合的说话方式。

5. 不感兴趣：只考虑如何被周围集体接受，而不在意其他外人。

6. 害怕与人交心：尽量避开学校活动等能深化人际关系的场面。

不过冈田也指出，并非所有年轻人都存在上述倾向。

## 10 什么时候才能开始真正的恋爱？

### 首先要了解自己的“同一性地位”

**恋爱只要盲目就够了吗？**

旧的青少年心理学认为，由于第二性征出现所导致的性成熟，使青少年开始对异性产生兴趣。但最近几年开始有人认为，恋爱不仅与生物学上的成熟有关，还和“自我意识”“身份认同”有很大关系。教育心理学家大野久在对大学生进行分析时，根据最近年轻人中普遍存在的恋爱风格总结了以下 5 个特征：

1. 希望获得对方的赞美或称赞（希望对方说“我喜欢你”“你真棒”）。

2. 在意对方的评价（会询问对方“你觉得我怎么样”）。

3. 交往一段时间后会被不安笼罩（如果对方总是说“我喜欢你”，反而会让自己感到不安）。

4. 总是盯着对方的一举一动（担心对方讨厌自己）。

5. 很多时候这样的恋爱关系都不长久。

大野将拥有这些特征的恋爱称为“为了身份认同的恋爱”。在这种恋爱中，比起对他人的爱，更多的是希望获得身份认同的自恋。

**小知识**

大野久（1955—）：出生于日本山梨县的教育心理学家。主要研究课题为青少年时期的身份认同、恋爱、充实感，同时运用定性资料和定量资料对青少年的心理进行探究。

## 借助他人评价进行“自我探究”

根据埃里克森的身份认同理论，从与异性开始交往到结婚为止的“亲密性”的积累，往往发生在自我身份认同已经固定了的成年初期。他的著作中也明确记载：“要想真正发展为亲密关系，至少要拥有牢固的自我认同。”首先要进行自我塑造——“我是谁，我要去哪儿？”这样才能建立起成熟的恋爱关系。

但是从现状来看，亲密性和身份认同都没有得到良好发展的年轻人借助他人的评价，来建立起自己的“身份认同”的现象正在增加。不通过自己主动的试错来“寻找自我”，而是把来自恋人的赞许和评价当成一面镜子，简单地了解自己（而且只了解自己好的一面）。

换句话说，这是一种由于缺乏自信而利用恋人进行弥补的人际关系。对他们而言，失去恋人就等同于失去自我。因此，就会总是怀揣着不安，对恋人的行为产生怀疑：“我不在的时候对方在做些什么呢？”但因为不自信，如果对方的恋爱攻势太过猛烈了，反而会因为难以承受对方的心意而突然想要退缩。

像这样交往时总是以自我为中心的情侣关系，和真正的恋爱感情有很大不同。

## 真正恋爱的必要条件

如何摆脱“为了身份认同的恋爱”呢？对此，大野提出了 6 条重要建议。

1. 无条件性：不讲求条件，喜欢上真实的对方。

2. 相互性：不能总是想着自己，还要为对方、为双方着想，把对方的喜悦当作自己的喜悦。

3. 解除心理防卫：把真实的自己展示给对方。

4. 人生搭档：主动成为对方的精神支柱。

5. 未来展望：对二人的未来进行展望。

6. 身体症状的消失：为从一开始的“小鹿乱撞，紧张不安”到“充满安心感和信赖感”的心境变迁而感到高兴。

除此之外，牢固的身份认同也必不可少。但现在对身份认同的划分，已经不像埃里克森时期的“有”与“没有”那么简单了。

对埃里克森的概念进行实践研究的先驱马西亚指出，至少存在 4 种身份认同状态（同一性地位）。

1. 同一性扩散、同一性混乱：对自己的目标缺乏积极性的状态。

2. 同一性早闭：处在这种状态下的人没有经历过摸索，却早早地给自己的身份下了定义。

3. 同一性延缓：正处于为了寻找自我而不断摸索的过程中。

4. 同一性获得：经历过人生道路的摸索，有了明确的目标、信仰及价值观。

不仅仅是青少年，有很多人到了三十多岁、四十多岁都还没有进入同一性获得状态。只有了解自己的同一性地位，对自己将来的人生道路进行摸索，确定了自己的目标和价值观之后，才能做到舍己“爱”人。

## 人是如何了解自己的?

洞察他人固然重要,但人又是怎么了解“自身”的呢?社会心理学家贝姆说:“人只有爬上了名为‘行动’的梯子,才能看到对岸的‘自己’。”

假设你在和恋人分手之后,突然百感交集,情不自禁地哭了起来。当你认识到自己的这一反应时才会发现:“原来他(她)对自己这么重要啊。”以此了解新的自己。只有通过行动,才能探知到自己内心深处的想法。这被称为“自我知觉理论”。

“1 美元实验”证实了这一理论。实验者让受试者们在进行简单的劳动后向别人谎称“这项工作非常有趣”以邀请更多人参加到这项工作中。此时，他们会给予 A 组受试者每人 20 美元作为任务的谢礼，但 B 组每人只给 1 美元。从直觉来看，收下了 20 美元的人会积极地进行邀请，而 1 美元组则不会有什么干劲。

但结果却出人意料：1 美元组根本不觉得这是在说谎，他们发自内心地认为这简单的劳动“十分有趣”，邀请他人参加的概率也更高。他们认为，连只有 1 美元报酬的工作都愿意做，说明自己还是挺喜欢简单劳动的。

爬上名为“为 1 美元而工作”的梯子之后，人们才能发现“喜欢单纯劳动”的自己。

# 05

# 整理“理论”的心理学

## 概要：为了分类而将现象模型化的心理学

我们在第二章到第四章中提到了不少理论，如果把这些理论乱糟糟地收集在一起，将很难进行下一步研究。这好比你有许多衣服，如果不加整理直接塞进衣柜里，到了关键时刻依旧找不到想穿的衣服。

在心理学的世界中，每个专业领域里都活跃着各种类型的心理学家，接下来将介绍的是在心理学界被称为“理论家”“整理家”的研究者们所总结的成果。

一般来说，在做学问时把各种五花八门零零散散的东西尽可能往小了总结才是最聪明的选择。很多人误以为把简洁精练的东西刻意扩大得复杂难懂才能体现自己的知识水平，这其实是不对的。

理论的整理不是谁都能做的。对各种实验和观察结果进行客观分析，再把它们简短精练地总结起来，这种工作只有熟练的研究者才能胜任。有时候我们也将这个过程称为“元分析”（meta-analysis），这里的元（meta）意为“更高层次的”。

那些被称为理论家或整理家的研究者，大多是年轻时亲自进行实地调查积累起丰富的经验，然后作为特定领域的一线研究者开始着手于理论的总结归纳。要是年纪轻轻就跑去当理论家，只不过会成为下一个纸上谈兵的赵括罢了，而无法整理出让所有人都恍然大悟、受益匪浅的理论。

本章将介绍熟练的研究者们是如何巧妙地对心理学理论进行整理的。

## 由结果预期和效能预期组成的“自我效能理论”

**越高的山就越想爬？**

虽然经常有人说“目标越高越好”，但这其实并不正确。“只要努力了才可能会成功，但是不努力一定不会成功”是教育心理学中最合适的目标。

要想提高积极性，拥有“自己一定能做到这件事”的自信是极为重要的。在心理学中，这种自信被称为“自我效能”（self-efficacy）。

可能还有人不太理解，那我们就来看一看班杜拉的“自我效能”理论吧。

下图中的“结果预期”指的是一种期待感——“只要进行某种努力就一定能成功”，类似于“如果晚餐只吃卷心菜，半年应该能瘦个 5 公斤”这样确切的期望。

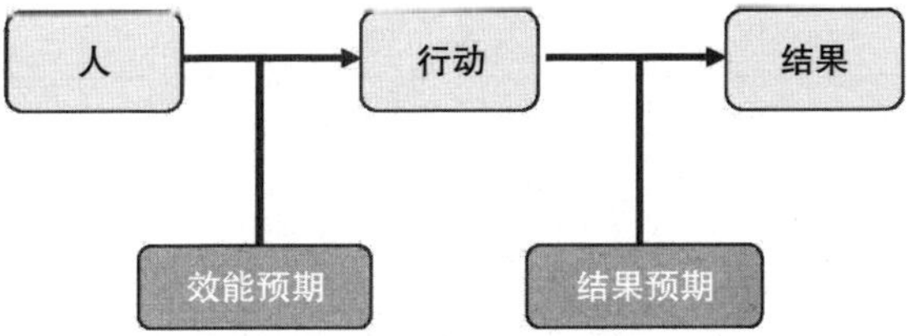


效能预期与结果预期

“效能预期”指的是对自身的把握：“自己真的能付诸行动吗？”接着上面的例子就是“自己真的能坚持吃半年的卷心菜吗”？真的要让人坚持半年晚餐只吃卷心菜，恐怕很多人都做不到吧。

即使你的结果预期再强，如果没有将其付诸行动的自信，也就是说当你的效能预期很低的时候，不管如意算盘打得多好，最终都不会反映在行动上。

这就是为什么就算老师对你说“每天学习 20 小时一定能考上好的大学！”你的内心也不会产生丝毫波澜。

只有同时具备了结果预期（努力会有回报）和效能预期（我能够付诸努力），人才能积极地不断努力下去。这就是班杜拉总结出的“自我效能理论”。

## 积极性“按揭”

要想提高自我效能，最重要的是“确定目标的位置”。班杜拉和一位叫申克的教育心理学家一起进行了一场实验，他们着眼于目标设定的“远近”，并对其影响力进行探究。

**小知识**

戴尔·申克（Dale Schunk）：美国教育心理学家。主要研究课题是学习、认知和动机。

实验的对象是 40 名被班主任判断为“在计算能力方面存在问题，对算术不感兴趣”的儿童。

补习方案是，在七天时间内给他们发 42 页的练习题进行自主学习。这时，申克等人给他们制定的目标“表述”如下：

1. 较近目标：一天完成 6 页练习题。

2. 较远目标：七天完成 42 页练习题。

3. 没有目标：总之各位加把劲儿。

结果所有孩子都完成了相同分量的练习题。但是，在“计算能力提高了多少”和“自我效能的感受”这两点上，却有很大的差异。

“一天完成 6 页”这一目标既适度又具有挑战性，而且当天就能体会到实现目标的成就感，结果，“较近目标组”的孩子们的学习能力和自我效能都得到了大幅提升。但是，以“七天完成 42 页”为目标的“较远目标组”的效果，和完全没有设定任何目标的“没有目标组”的效果却几乎没有太大的区别。

以宏大而笼统的目标为动力进行学习或工作时，将很难提高自身的效能预期，在任务完成后也不会对自己的积极性产生影响。

但是，哪怕完成的是同样的分量，只要通过把大的目标分解为一个个小目标，就容易给人带来“我也能做到”的自信（效能预期）。这和“分期付款”的心理有点像，一次性花一大笔钱可能会让我们有些犹豫，但要是得知能够“分期”付款，我们反而会开开心心地打开自己的钱包。

把目标细化之后，还能多次体会到实现目标的成就感。

但如果是远大的目标，就算最后实现了，能体会到的成就感也只有那最后的一次而已。而且在这个过程中，还会不断地被“自己真的能完成目标吗”这样的不安所困扰，甚至可能会使人产生“学习孤独而辛苦，它可能不太适合自己”的想法。

一般来说，在目标的设定中加入具体数值十分重要。但真正重要的并不是给出数值，而是要看你的方案如何把目标分成一个个可实现的数值，能以更低的心理成本获得更多的成就感。

## 02 为什么努力却得不到想要的结果

### 借“归因理论”看成功者的思考模式

无论怎么努力成绩都上不去，不管自己如何体贴还是会被恋人抛弃……当事情进展不尽如人意的时候，人会自然而然地问自己：“为什么会这样？到底是哪里出了问题？”这在社会心理学中被称作“归因”（Attribution），能对个人行为产生影响。

不同的归因会给人带来不同的感受和对将来的期待，并对今后的行动方式产生重要影响。

当一个人认为他数学成绩上不去的原因是“数学能力差”时，他的情绪可能会变得十分低落，认为今后不管怎么努力学习都无济于事，结果他的成绩就真的上不去了。但如果他将成绩差归因为“学习方法出了问题”，那这应该能激起他的上进心，让他想方设法改善学习方式，最后取得好成绩的概率就会升高。

在教育心理学领域最出名的与“归因”有关的研究，就是韦纳的归因分类，他用三种方式对原因进行分类。第一种，根据原因是出自自身，还是源于他人，将原因分为“内在原因”与“外在原因”；第二种，根据这个原因下次是否还会出现，将原因分为“安定”与“不安定”两种类型；第三种，根据原因是否可控，将其分为“可控”与“不可控”两种类型，并将上述三种分类方式组合在一起,总结出了人类的六种归因方式。韦纳的归因分类方式十分巧妙，至今还未出现能够超越它的理论。

韦纳的归因分类

| | 可控 | | 不可控 | |
|---|---|---|---|---|
| | 安定 | 不安定 | 安定 | 不安定 |
| 内在 | 平时的努力 | 一时的努力<br>方法、策略 | 能力 | 情绪、身体状况 |
| 外在 | 老师的热情 | 他人的帮助 | 问题的难度<br>老师的授课方式 | 运气 |

教育心理学家奈须正裕将韦纳的归因分类中产生的“感情、

期待、行动”的流程做成了下图中的模型，还把归因的思考方式定义为：“客观结果导致的主观认知会转变感情、期待等，并对今后行动的积极性和实际的行动选择产生影响。”并在后来的实验中发现，会对“可控＋内在＋不安定（一时的努力，方法、策略）”的要因进行重新审视的人总能保持自己的积极性，随时都能以乐观的心态投入下次的努力中。

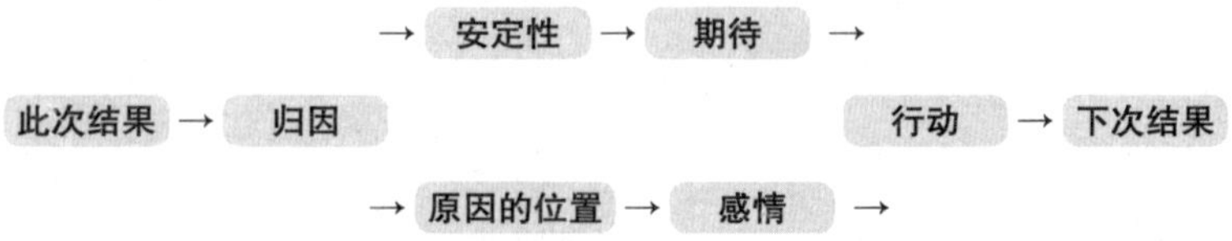


奈须正裕的“感情、期待、行动”流程图

# 03 提高『积极性』的两个公式

## 期待 × 价值＝动机

像教师、公司经营者这些人最大的烦恼就是：年轻人没有积极性，什么时候才能拿出干劲呢？与此同时，因为自身缺乏积极性而感到焦虑不安的人也不在少数。

“积极性”是生活必不可少的动力来源，也是教育心理学和行为心理学中最受欢迎的主题之一。

其中较为著名的是阿特金森提出的与积极性有关的理论体系。他阐述了以下两种理论模式：

**小知识**

约翰·阿特金森（John Atkinson，1923—2003）：美国心理学家。对人类动机、成就和行为的关联展开研究。他重视科学方法，在理论中加入了严密的数学模型。

第一，成就动机（与内在动机相近）——争取成功、希望做到最好的需求。它是人的成功接近倾向（一定要获得成功）和失败回避倾向（总之不能失败）之间矛盾的产物。这三者的关系可以总结为下列公式。

**成就动机 = 成功接近倾向 - 失败回避倾向**

不管一个项目多么诱人，由于人是感情生物，就必然会对失败后的尴尬感到畏惧。因此，要想激起一个人的成就动机，就必须给他一种“哪怕失败也不会出丑”的安心感。

第二，成功接近倾向和失败回避倾向还由动机（不得不做）、主观期待（自己似乎能够做到）、价值（做这件事有意义吗？）这三者的乘法关系所决定，关系式如下：

**成就动机＝动机 × 主观期待 × 价值**

这个公式的关键之处在于动机、主观期待和价值之间是相乘的，这意味着只要其中有一个为零，作为乘积的成就就会归零。比方说，你有着“必须找到另一半”的强烈“动机”，而正好有一位优秀而极具“价值”的异性出现在你的面前，但要是知道这个异性对你完全没有兴趣，还已经有了男（女）朋友，这时你的主观“期待”就会完全归零，结果，你试图对该异性展开追求的积极性也会彻底归零。

除此之外，他还将自豪感、荣誉感这类快感也加入模型中进行整理。因为阿特金森的理论基本都被归纳为“积极性 = 期待 × 价值”，所以有时候也被人称为“期待价值模型”。

## 为实践准备的模型

教育心理学家奈须正裕提议将这个模型运用到学校课程中，并对教师的课堂安排提出了各种意见和建议，同时针对孩子的积极性对教学的改善进行研究。精神科医生和田秀树继承了科胡特关于自我肯定感会对积极性产生影响的观点，并将他的心理学理论运用于教育产业中。

2004 年，奈须正裕、和田秀树，以及作为多家企业咨询顾问的大塚寿和我四人，尝试将动机管理中的理论进行体系化的整理，并以树状图的方式成功地完成了总结归纳。其中包括为了满足自我肯定感，提高期待与价值使职场充满活力所必需的三个法则——“希望”“充实”与“关系”，再引申出满足这三个法则所必需的九个原理，最后整理出将这九个原理付诸实践的 26 个具体技巧。

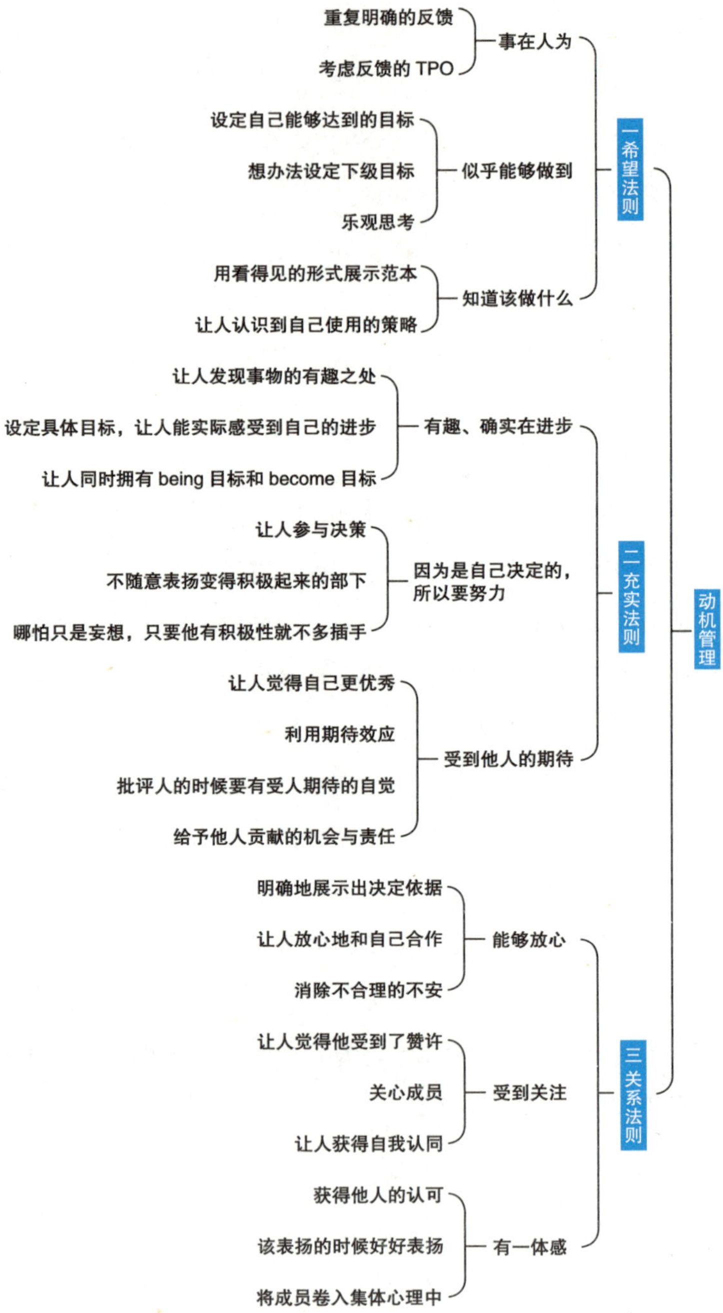
动机管理
一 希望法则
事在人为
重复明确的反馈
考虑反馈的 TPO
似乎能够做到
设定自己能够达到的目标
想办法设定下级目标
乐观思考
知道该做什么
用看得见的形式展示范本
让人认识到自己使用的策略
二 充实法则
有趣、确实在进步
让人发现事物的有趣之处
设定具体目标，让人能实际感受到自己的进步
让人同时拥有 being 目标和 become 目标
因为是自己决定的，所以要努力
让人参与决策
不随意表扬变得积极起来的部下
哪怕只是妄想，只要他有积极性就不多插手
受到他人的期待
让人觉得自己更优秀
利用期待效应
批评人的时候要有受人期待的自觉
给予他人贡献的机会与责任
三 关系法则
能够放心
明确地展示出决定依据
让人放心地和自己合作
消除不合理的不安
受到关注
让人觉得他受到了赞许
关心成员
让人获得自我认同
有一体感
获得他人的认可
该表扬的时候好好表扬
将成员卷入集体心理中

# 04 智慧的高低是如何体现出来的？

## 比较“精神年龄”与“生理年龄”

### 尝试用数字理解智慧

在学习心理学中，智力测试被认为是“20 世纪的思考模式”。

这种说法是因为智力测试的原型出现在 1905 年，然后经过不断的演变，直到现在还在被人们使用。而且在某种程度上智力测试还在不断规定着“心理学的存在方式”。智力测试就是用科学方法测定大脑的发达程度。这种思维模式还给人的价值观和学习观及社会的存在方式带来了重大影响。

近代以前，由于人类的身份是固定的，地理上的移动也因为交通不便而受到限制，每个人对未来的规划都并不自由。因此，每个人的职业和未来事实上都是已经被决定好了的。这样的世界应该不需要人类的客观理解（智力测试）吧。而在世界各国完成了近代化之后，军队和工业领域的“适应性需求”首先上升，人们开始重视根据智力水平对工作进行分配。在犯罪学中，也出现了应理解犯罪者，给予其人道待遇的观点，因此，人们就必须在智力层面上对每个人的刑事责任能力进行客观理解。

### 如何表示“迟缓”？

法国心理学家比奈最先归纳出实用的智力检查。他主要研究暗示、推理和人类记忆，与医学系学生西蒙一起试图就“人脑有多聪明”进行总结归纳。结果他们得出了一个结论，值得重视的并非对感觉的敏锐程度等这类细微的测定，而是对推理判断时人类“心理动向”的整体把握。

**小知识**

阿尔弗雷德·比奈（Alfred Binet，1857—1911）：法国心理学家。主要以实验方式对异常心理、思考、表象、个人差异等课题进行研究。与T.西蒙一起开发出比奈—西蒙智力量表。

他们尤其重视对孩子的直接检查。因为他们认为智力在人的孩童时期就已经有了一定程度的固定。因此他们不会依靠对家长面试这类间接的信息，而是开发出了用来直接询问孩子的

30 个问题。

这个检查的结果被表述为“智力年龄水准”。有别于实际年龄（生理年龄），对智力年龄的测量在当时是一种划时代的方法。智力年龄是借助事先准备好的庞大资料，与各年龄的标准结果相比较而得出的结果。如果智力年龄比实际年龄小两岁以上，就会认为这个孩子在智力发育上存在障碍（迟缓），需要接受特殊教育。

IQ（智商）这一分类方式到现在都还被人们使用着，而最初提出这个概念的人，是德国的斯特恩。他首先引入了一个新的观点——精神年龄。比方说一个智力水平为四岁的孩子，斯特恩称为“精神年龄四岁”。

**小知识**

威廉·斯特恩（William Stern，1871—1938）：德国心理学家、哲学家。研究范围很广，包括感知、发展、语言和个性等。导入精神年龄的概念，以 IQ（智商）为标准对智力进行分类。

以比奈的方式来算，一个生理年龄 5 岁、智力年龄 3 岁的孩子，和另一个生理年龄 12 岁、智力年龄 10 岁的孩子，他们的生理和智力年龄之间都只有两岁的差异。但斯特恩认为，就算差距是一样的，也是前者的问题更大一些。因此，他不用“差”进行比较，而是通过“商”来进行整理归纳，并定义 IQ =（精神年龄 ÷ 生理年龄）×100。

美国的心理学家推孟将这个指标加入实际智力测试的结果

之中。他一开始准备模仿比奈的智力量表做出一个美国版的智力测试，但其在 1916 年的版本中，折中地加入了 IQ 这一分类方法。虽然智力测试最开始是为了检测孩子是否有智力障碍，但它经过各种演变，渐渐地变成了人类理解能力的指标。

## 如何表示成人的 IQ

以成人为对象的智力测试的需求量增大后，就必须对计算方法做出改变。

美国比较心理学家耶基斯构建出一个为进入青春期的孩子准备的智力标准，提倡将个人测试得分与其年龄集团的平均分相除。这个方法和生理年龄的差或商都没有关系，而是单纯地将目光聚焦于受试者与同龄人的相对位置关系。此方法被称为“分数表”，很多心理学家都认为应该将此方法与比奈等人的“年龄表”进行区分。

因其简单明了，分数表被引入韦氏智力测验中，现在经过不断修改仍被世人使用。在此测验中，结果分类为操作智商（performance IQ）和语言智商（verbal IQ）。

操作智商即问题解决能力、对新刺激的适应能力和灵活性，是一种通过日常经历的积累，偶然成长的能力。

语言智商则是总结过去的练习和知识，正确理解自己周围文化的能力，是一种通过本人主动学习而得到成长的能力。

韦氏智力测验的受众非常广，从幼儿至成人（上至 74 岁），测试的结果也多是类似“善于与他人打交道，但很难适应环境的变化”“善于聆听，但记性不好”这样的从操作智商和语言智商两方面进行考量的综合性评价。

## “社会智力”展示出人的社交能力

上文提到的比奈所归纳的“智力”理论不仅要对记忆力、语言的流畅程度、计算能力、图形处理能力等问题的解决能力进行检测，还要向孩子询问货币的使用方式或让他们系鞋带，询问他们面对困难时的处理方法，以检测孩子的“实用性智力”（日常生活中必须具备的能力）。但是，在比奈之后的智力测试则逐渐把重心放在那些只在学校或职场这类特定场合才适用的学术性问题解决能力（认知心理学中称为“认知技巧”）上了。

过去就有人指出，对包括认知技巧在内的发挥于社会情境中的社交能力，即社会智力（social intelligence）的研究也极为重要。1920 年，桑代克提出了“社会智力”的概念，并将其定义为：“无论对方的性别和年龄，都把行为建立在理解之上的能力，即正确处理人际关系的能力。”之后包括亨特在内的很多人加入了社会智力研究的行列中。

**小知识**

爱德华·桑代克（Edward Thorndike，1878—1949）：美国教育心理学家。主张试错是学习的基本形态，研究主题是学习、智力、个人差异和教育测量。

其中，灵长类研究学者普雷马克也十分重视社会智力，还将高等灵长类动物在群体社会中显示出的谋取权利的智力称为“权术智力”（Machiavellian intelligence）。

在黑猩猩的社会中，可以观察到某黑猩猩个体将狩猎获得的食物与其他伙伴进行分享的行为。但普雷马克认为，这并不是单纯的体贴或利他行为。将食物分享给他人，可能是因为黑猩猩为了防备将来可能发生在群体中的纷争，事先对适合“结盟”的对象进行拉拢；也可能是为了让对方“臣服”于自己。总之，普雷马克推测，这背后应该隐藏着极为利己的动机。而这种暗藏心机的温柔，正是我们前文所说的“社会智力”。

近年来，与社会智力的另一侧面——“情绪的理解与表达”相关的框架整理也如火如荼地进行着。1995 年，科学记者高尔曼阐述了在日常生活的各种领域中获得社会成功所必需的能力——情绪智力（Emotional Intelligence）的重要性，此后，与智商相对的情商（EQ）开始受到人们的广泛关注。虽然 EQ 一词流行起来是源于《纽约时报》的一篇报道，但 EQ 这个概念其实来自心理学家萨洛维等人的情绪智力研究。至今情绪智力的体系化和测定还处在尚未完成的阶段。

# 06 对『性格』进行科学分析后，能发现什么？

## “外向—内倾”与“情绪安定—不安定”

**人格因素**

艾森克将人格（与性格相近）定义为“由遗传与环境所决定的实际存在或潜在的行为模式的总和”，并对人格的科学研究十分重视。具体来说，他利用因素分析这一统计方法提取出了人格的几个主要维度。人格的层次构造指的是从“特殊反应”“习惯反应”“特性”“类型”这四种标准在构造上对人格进行理解。

**小知识**

汉斯·艾森克（Hans Eysenck，1916—1997）：德国（后移居英国）心理学家。借助实验心理学对人格进行研究的领军人物。活跃于人格测试、性格特征的因素分析、行为治疗等领域，编制了艾森克人格问卷。

艾森克以此模型为前提，通过对精神医学的诊断、问卷调查、客观动作测试中所得到的各个变量进行分析，认为人格的基本维度由“外向—内倾”和“神经质倾向”组成。

## “外向”的真正意义

可能很多人对“外向”还存在误解，但在这里我要说，“外向的”和“外交的”是两个完全不一样的东西。外向并不意味着能和大家积极地进行社交活动。它本来的意思是：“将决定事物的判断标准放在外面。”

比方说，当公司的前辈住院了，后辈要去看望他。这时候一个内向的人就会想：“自己生病的时候很想吃零食，待会儿就给他带一堆零食去吧。”这证明对事物的判断标准在那个人的“内侧”。

相反，如果是外向的人，他就会考虑：“前辈比较腼腆，我这样突然去看望他可能不太好，还是先跟大家一起买点花啊水果之类的送过去吧。”也就是说他会换位思考，对事物的判断标准不在内侧而在外侧。简单地说，就是凡事不以自己的价值观进行考虑，而会重视他人的价值观，懂得察言观色，这才是“外向”的真正含义。

### 情绪不安定的原因

“情绪安定”在心理学上究竟指的是什么状态呢？情绪不安的人和安定的人之间的差异可谓一目了然。可以这么说，一个人急不急于给事情分出对错，决定了他的情绪是否安定。

情绪不安定的人，在旁人眼里可能上一秒还觉得他心情很好，没想到下一秒就突然变得怒发冲冠。如果你仔细观察就会发现，他心情好是因为事物的本质和对错都已经弄得一清二楚了。反过来说，表现出焦虑愤怒则是因为事物中存在“含糊”的地方。也就是说，当他们身处非黑又非白的“灰色地带”时，神经会异常脆弱。

因此，无论是在商业谈判还是在恋爱中，直到弄清结果前，他们都会一直感到烦躁，坐立不安。但是，一旦事情顺利地告一段落，这时候他们就会突然变得神清气爽起来。情绪突然高涨或是没节制地疯玩，都经常发生在情绪不稳定的人身上。

在人际关系中，如果对方的心意总是让人捉摸不透，这也会使情绪不稳定的人难以忍受。所以有时候他们会对心理治疗师夸张地大哭、故意生气、暗示要自杀，或是纠缠不休地询问对方的想法。

精神科医生贝克指出，这种情绪的不稳定性和抑郁症、焦虑症都或多或少有些关联。

这对本人来说也不太好受吧。我时不时会劝他们“不要总想着分对错，做一个优柔寡断的人”，并训练他们学会享受灰色地带。

世界上无法得出结论的事情太多了，要是每遇到一次就要动一次火，怒气伤身，我们的内心早晚会发出哀号。要想适应社会和获得心理韧性，真正必要的是有能够包容优柔寡断与灰色地带的柔和性，近几年也有人将其称为“柔和智力”（soft intelligence）。

## 艾森克理论体系

内田－克雷佩林心理测验采用了艾森克的观点，相信有不少人在小学时接受过这个让人一味地对相邻数字进行加法的测试。此测试主要用于检测人的错误会在什么地方增多，或是耐性能持续多久这类问题。根据检测，我们可以获得以下五大性格特质。

**小知识**

内田－克雷佩林心理测验——让人进行个位数的连续加法计算，每隔15分钟休息5分钟，根据每分钟完成量的变化模式对性格与适应性进行诊断。这个测试是内田勇三郎以克雷佩林的作业曲线研究为基础独自开发出来的。

是不是觉得哪怕不参加测试，也能在大致上进行自我判断？以下是具有这五大性格特质的人的人格特征。

**A类型（平凡性格）：**内与外、自我与他人、真心话与场面话，这两方面你都会非常重视。虽然拥有明确的自我，但不会为了主张自我而破坏大家的氛围。比起瞬间的直觉，更重视在事前做好充足的准备。失败回避倾向很高，比起为了获得成功而进行奋斗的热忱,更多的是为避免失败而进行的冰冷计算。重视逻辑，讨厌不合理的事物。

**B 类型（危险性格）：**非常关心自己，有时像个“自恋狂”，但有时又会突然陷入“自我厌恶”中，把自己搞得团团转。不会被人束缚，最重视的是自己是否满足，以及有没有尽自己的全力。因为说话直言不讳，有时会被贴上“有问题的人”或“扰乱纪律的人”的标签。精神世界非常丰富，极具想象力。是比较容易受伤的浪漫主义者，但对有困难的人十分温柔。会在艺术性工作和需要直觉的工作中发挥自己的才能。

**C 类型（稳重性格）：**喜怒哀乐的总能量很小，总是安静而淡泊地完成工作。不管是普通办公，还是一些目的不明确的工作，都有将其完成的耐心和毅力。人际关系中，主要是独处，或是与自己同类型的人进行交往。不太喜欢把人脉扩大得太广。虽然拥有计划性，在大脑内进行各种各样的思考，但由于缺乏明确的表达或自我主张，有时会被误解为“没有干劲”。

**D 类型（领导性格）：**好出风头，总是集中精力去想尚未被他人挖掘出的点子，创造新的道具。竞争意识很强，对他人的评价十分敏感。善于交际，和初次见面的人对话时也不会感到紧张。擅长拉近与他人的距离。会在集体中发挥领导能力，均衡地听取众人的意见，并从中得出最终的结论。有乐于助人的一面，经常主动承担领导的责任。

**E 类型（古怪性格）：**周围的人很难摸清他的想法，不知道他的真心话到底是什么。但大多数时候，心里都有着明确的主张，其实已经得出了自己的结论。不会主动扩大自己的交友圈，硬要说的话属于个人主义。不会受流行事物的影响，自始至终都能坚持自己的想法，拥有走自己的路的勇气。因此，经常想出别人想不到的点子，着眼于别人注意不到的地方。喜欢自己，有略微秘密主义的一面。

五大性格特质的人的人格特征

| | 外向—内向 | 情绪安定—不安定 |
|---|---|---|
| 平凡性格（Average Type） | 不明确 | 不明确 |
| 危险性格（Black-list Type） | 外向 | 情绪不安定 |
| 稳重性格（Calm Type） | 内向 | 情绪安定 |
| 领导性格（Director Type） | 外向 | 情绪安定 |
| 古怪性格（Eccentric） | 内向 | 情绪不安定 |

## 用“压力应对”来处理

### 压力反应产生的原理

与压力相关的心理学研究，始于美国心理学家霍尔姆斯为测量重大生活事件而设计的“社会再适应量表”。他将经历了配偶死亡、离婚、结婚等重大生活变故后要想进行“恢复”所需的能量值定义为压力。

他模仿地震震级的划分对能量值进行排序，所以他的观点也被称为“压力震级”理论。这个观点的有趣之处在于，除“亲人去世、离婚、生病”等负面事件以外，连“结婚、长期休假、升职”等正面事件都被认为是压力的源头。

但没过多久，就有人开始对这个归纳理论进行批判——“首先，它无法准确地说明压力的个体差异。其次，表中举出的压力源头，只停留在日常生活中大家都迟早会经历的混乱和操心的事。”现在，从心理学角度对压力产生的原理进行说明时，最具影响力的模型，是对感情与压力进行研究的拉萨鲁斯所得出的“相互作用模型”（transactional model）。

**小知识**

理查·拉萨鲁斯（Richard Lazarus，1922—2002）：美国心理学家。主要研究课题为压力和认知。

如下页图所示，压力源对人身心产生的影响，会根据不同的应对方式（如何看待、如何处理压力源）发生很大变化。而且每个人实际所感受到的压力大小，会根据压力源的大小，以及本人原有的思考模式、经验、脆弱性等因素产生差异。对容易引起压力产生的素质进行研究的马塔尔斯基等人所提倡的精神疾病产生原理——“素质—压力模型”中也体现了上述观点。

“相互作用模式”还十分重视在压力条件下如何成功克服压力。心理学中将这种处理方式称为“压力因应”（stress coping）。因应的定义为：“试图处理当前状况的一系列心理和行为上的反应。”

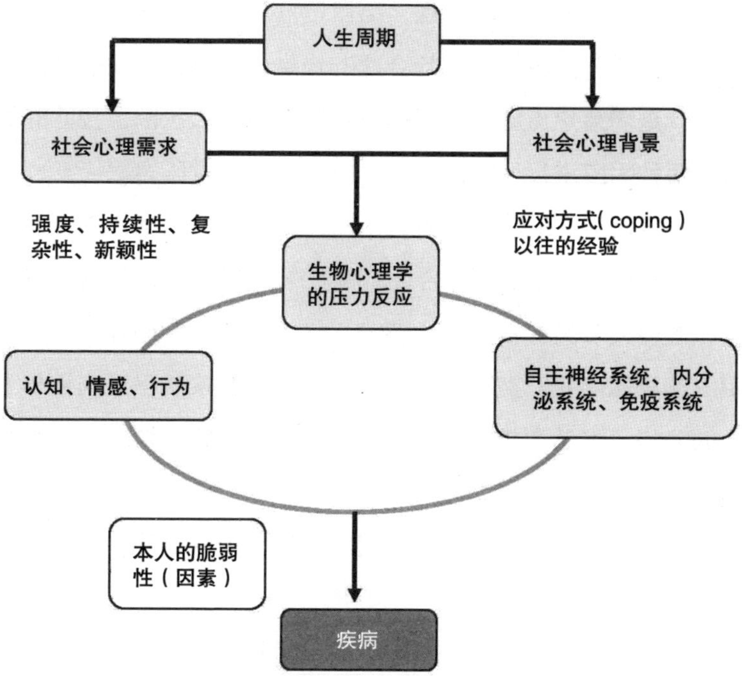


相互作用

## 如何正确地应对压力?

因应分为两种。第一种是以改变压力的原因本身为目的的问题焦点因应（也被称为“初级控制”）。比方说，下决心换个工作，跟朋友或恋人分手就属于问题焦点因应。

第二种是试图以自己的内心对由压力源所产生的不快感进行控制的情绪焦点因应（也被称为“次级控制”）。比方说，把上司的责怪乐观地归因为“这是因为上司对自己抱有期待”，为工作忙得昏天黑地的时候，给自己打气道“能为社会做贡献就是值得的”。像这样进行合理的想象，给自己加油鼓劲的行为，就是情绪焦点因应。根据压力源的性质和状况，找准时机对这两种因应进行区分使用，才能有效地应对压力。

如果完全不采取应对措施，长期受到压力困扰，则会引起紧张性头痛、过度换气综合征、高血压、哮喘、冠状动脉疾病、类风湿性关节炎等各种身体疾病。这类与“社会心理需求息息相关的身体疾病”被称为心身症，据说这类疾病呈现出逐年上升的趋势。虽然要想立刻改变面对压力时的脆弱性和环境是很难的，但我们可以学习压力的应对法，这是十分重要的。

对疗愈效果进行研究的山田富美雄在报告中称，下列压力因应法可有效帮助患者：

1. 尝试在压力源中找到正面的意义和价值。

2. 面对负面情绪一笑而过，幽默而积极地排除自己的负面情绪。

3. 练习自我主张（assertion）。坚信自我主张能帮到自己。

除此之外，还有休养和运动、对饮食习惯等基础习惯的改善也可以对压力回避能力产生很大影响。

# 08 信息是如何转变为记忆的？

## 将大脑比作仓库的“多重存储模型”

### 两个“仓库”的观点

如何将人类记忆的构造进行可视化、模型化这一课题，是认知心理学中最为重要的研究之一。尤其是在20世纪60年代，人们假想出一个模型，认为记忆分为几个阶段，每个阶段都有一个对应的仓库（store，storage），并受到世人的广泛讨论。一般将这一模型称为箱子模型或多重存储模型。下页图展示的就是多重存储模型的最基本形式。

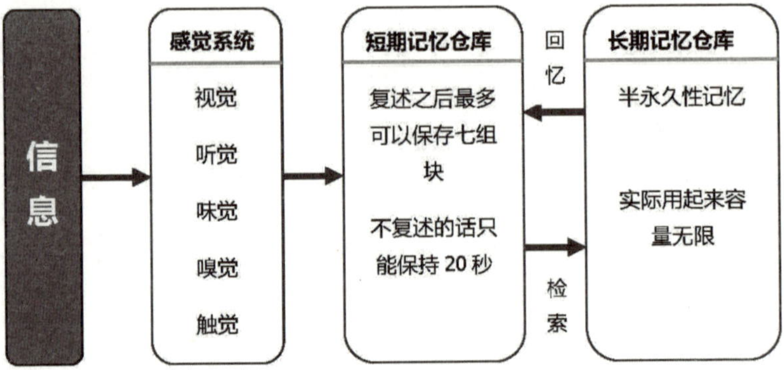


记忆多重存储模型

输入到大脑里的信息，首先经由感觉系统进入短期记忆仓库（short-term store）。我们可以把它想成一个用来保存那些目前还能意识到的信息的仓库。但这个仓库容量非常小，如果不把里面的内容进行复述（rehearsal），这些信息在短时间内就会逐渐衰减。

这种将记忆比作两种类型的仓库的模型在当时十分新颖，引起了众多心理学家的注意。

## 把信息送进长期记忆仓库的方法

认知心理学家米勒的研究表明，对于“H、R、T、W、D、L、B、M、A、O……”这些随机的字母，如果不持续地进行复述，平均只有 7±2（5 ~ 9）个字母能被存储在短期记忆仓库中。“7±2”这个数值，不会因为国籍和性别而发生改变，而且在大人和小孩中也没有太大差别，因此米勒将这个数值命名为“神奇的数字 7±2”。

**小知识**

乔治·米勒（George Miller，1920—2012）：美国心理学家。认知心理学的先驱。通过实验发现短期记忆的容量为 7±2。

不过，如果把上述那一连串无意义的字母主动地分为“（H、R、T）= Hyatt Regency Tokyo（东京凯悦饭店）”“（W、D、L）= Walt Disney Land（沃尔特·迪士尼乐园）”“（B、M、A、O）= Body Massage Aroma Oil（按摩香精油）”，做出一个个组块（chunk）并赋予其意义，就可以将原来 10 个零散的信息精炼为 3 个信息。

上述记忆法也是在第三章中提到的“精密化”的具体做法之一。因为短期记忆仓库最多能存储 7 个组块，这样我们就能一口气记住更多东西了。

我们平时经常在无意识中使用短期记忆。假设在打电话的时候，对方突然告诉你他的家庭住址。当手边没有笔记本的时候，不得已只能在脑内不断地进行复述，使其暂时留在短期记忆中。在找到笔记本之后，就会赶忙将记住的地址记在笔记本上。就这样，短期记忆仓库作为记忆的暂时保管场所一天到晚都被我们充分利用着。

同样地，要想记住出差时住的宾馆房间号，只要“× 号房、× 号房……”地不断复述，至少出差期间肯定记得住。但是，这个门牌号绝不可能记住一辈子。不过，如果刚好这个宾馆发生了小型火灾，事后警察不断询问你的门牌号，或是被叫回宾馆的房间进行实地调查，总之如果发生了一些给你留下强烈印象的事情，这个记忆就不会只被保存在短期记忆仓库里了。

因为复述的次数足够多之后，信息会被转存到长期记忆仓库里（long-term memory warehouse）。

长期记忆仓库的容量极为庞大，一般认为在这里面的记忆将会得到永久保存。当需要用时就会被读取出来，哪怕已经过了几年，有关门牌号的记忆也会被送回短期记忆仓库里。这就是与“回忆”相对应的模型。

### 把记忆比作两个仓库的根据

自古以来，就有将记忆分为“短期记忆”和“长期记忆”的观点。尤其是“自由回想”实验中观察到的现象，更有力地证明了其合理性。所谓“自由回想”实验法，就是先把几十个单词逐一提示给受试者，之后让他们以随机的顺序对能想起来的单词进行汇报的记忆实验法。

实验者往往都会发现，靠近开头和结尾的单词被想起来的概率会更高。

这两种现象分别被称为“首因效应”和“近因效应”。

在记忆仓库模型中，对上述两种效应有着不同的解释。因为单词表上最初的几个单词进入的是还没有装入任何记忆的空空如也的短期记忆仓库，所以它们被复述的次数会相对多一些。

这样一来，它们被转移至长期记忆仓库的概率也会变高，因此更容易被人记住。在单词表最后面的单词，因为它们还被保存在短期记忆仓库中，所以也很容易被人想起。有句话叫“初恋和最后的恋人最叫人难以忘怀”，这也可以用上述模型解释。

## 积累并运用“情节记忆”

### 短期记忆的另一面

在前文中，主要是根据存储方式来对短期记忆和长期记忆进行分类的。其实在检索方式上，它们也存在较大差异。

如果信息被保存在短期记忆中，就说明它“现在存在于本人的意识之中”。

也就是说，此时这个信息处于不用检索就能直接使用的状态。因此，心理学家对短期记忆中的信息处理进行研究时，比起考虑信息“能不能被想起”，更多时候会把焦点放在短期记忆中信息处理的运作方式上。

因此，虽说是记忆，但它不仅要“存储”信息，还要对信息进行“处理”，在此意义上，也有人将短期记忆称作“工作记忆”（working memory）。

比方说，制订工作计划时，会在脑内安排步骤：“先做这个工作，接下来……”以及心算和对资料的含义进行理解的时候，都能实际感受到，比起短期记忆仓库，大脑更像是一个“工作的场所”。

### 如何从长期记忆中提取出必要的信息？

要想在长期记忆中对信息进行检索，需要先把消失在意识（短期记忆）中的信息唤醒，并把它恢复成能以意识进行处理的状态。

之后，神经生物学家斯奎尔等人对被唤醒后的几种各不相同的长期记忆进行整理，并以此绘出一幅树状图。

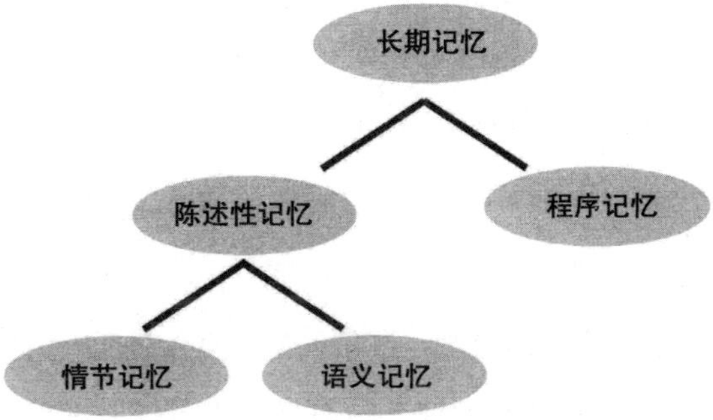


斯奎尔的长期记忆分类

程序记忆是类似于运动能力或汽车驾驶这样的与“程序、步骤”有关的记忆，这种记忆很难只用语言表达，也不好传达给他人。

相反地，陈述性记忆则是可以用语言进行表达的记忆。当你想要记住或想起一个东西时，根据其性质的不同，有效的记忆和回忆方式也大不相同。

**长期记忆一：程序记忆**

要想获得程序记忆，学习者自身必须先对“程序”进行反复体验。虽然学习时可能非常辛苦，但一旦获得了程序记忆就能长期把它保留在记忆当中。

比方说，就算很多年没荡过秋千，也不会忘记荡秋千的方法。程序记忆还能“在无意识中进行使用”。只要一直用钢琴弹同一首曲子，后来弹的时候就算不背乐谱，手指也会自动照着乐谱动起来。

**长期记忆二：陈述性记忆**

陈述性记忆根据使用方式还能再细分为“语义记忆”和“情节记忆”。“语义记忆”，是像“正式进入高尔夫球场的时候要穿夹克”这样的与一般常识有关的信息，也可以说，它是我们心里的百科词典。

“情节记忆”则是类似“第一次打高尔夫的时候，因为穿牛仔裤而受到了前辈的批评”这样的，与个人的回忆有关的记忆，有点像我们心里的日记本。

我们在获得新的信息时，首先会将其作为情节记忆保存下来，之后当我们在各种各样的场合运用这些记忆的时候，一般常识，即语义记忆，才会不断增加。

关于增加陈述性记忆的方法，藤田哲也阐述道，假设我们靠死记硬背记住了“日本第一任首相是伊藤博文”，这个方法固然没有问题，但我们还可以看看以前的一千日元钞票（正面印着伊藤博文肖像），或是跟别人谈谈他与现任总理大臣的区别。像这样，当我们在对新的事物进行体验的时候，只要“想办法将语义记忆变为个人的情节记忆”，就可以有效地将其永远保存在记忆中。

**小知识**

藤田哲也（1966—）：专业领域为教育心理学和认知心理学。主要研究课题为记忆（内隐记忆、行为记忆）、大一新生教育、学习助援等。

就像第四章中提到过的重构式回忆和问题解决式回忆一样，在对情节记忆进行回忆的时候，有意地回忆起情景信息（时间和地点）非常重要。

假设我们想要回想起前天晚上吃了什么，我们就要对当时的情景进行回忆——“几点、和谁、在哪里吃了晚餐”，而如果只把对象锁定在“菜单”上，恐怕一时半会儿很难回忆起来吧。

根据人长期记忆的处理方式和回忆方式对记忆进行总结归纳之后可以发现，不同种类的记忆所对应的有效记忆方式与回忆方式各不相同。

在对记忆进行研究时，心理学家们并不会笼统地对“人的记忆”这一整体进行实验调查，而是像前文所述，把记忆细分为几个种类， 缩小范围进行研究才更有意义。

# 10 短期记忆和长期记忆的区别是什么？

## “加工水平”理论

### 对记忆多重存储模型的批判

记忆多重存储模型理论从 20 世纪 60 年代开始经历了很长一段繁盛期，直到 1972 年，出现了对此模型展开猛烈批判的心理学家，他们就是克雷克与洛克哈特，他们提出了“加工水平理论”（levels of processing）这一框架来替代多重存储模型。

他们认为，短期记忆和长期记忆乍一看好像区别非常明显，实际上其意义会由于研究者的不同而发生改变，其实是含糊不清的概念。而试图以两个仓库的模型对其进行说明则更不好了。而且所谓只要通过复述（rehearsal），信息就会自动地从短期记忆仓库被转移到长期记忆仓库这一观点在科学上是不成立的。

他们将人类的信息加工水平分为以下三种层次（如果用音乐打比方……）。

1. 浅层：刺激的物理属性加工（只感觉节拍很快、声音很大）。

2. 中层：语言、音韵的加工（像唱外语歌那样，不理解歌词含义而是直接跟着语感和旋律享受音乐）。

3. 深层：伴随意义的加工（在品味音乐的同时还理解歌词或曲子的背后意义）。

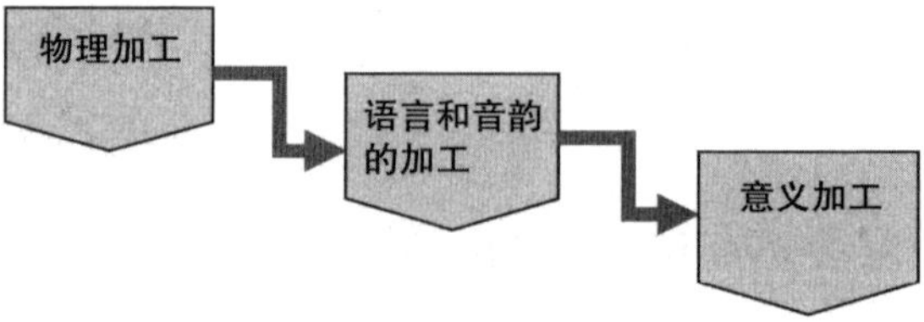


加工水平模型

克雷克和洛克哈特认为，不管复述的时间多长，只要还停留在同一加工水平上，就无法形成更稳定的记忆。

比如刚刚提到的记宾馆门牌号的例子。如果你只对信息进行音韵加工，就算“1956号房、1956号房……”地复述几十遍，记忆还是很难被固定下来。但如果给1956赋予特殊意义——“1956年是哥哥出生的那一年。”像这样经过特殊加工后再进行复述的话，就能获得跟刚才截然不同的效果。这就是为什么他们批判记忆的自动传送模型，而重视记忆的深度。

### 支撑起加工水平模型的实验

为了证明上述批判论点，克雷克等人进行了以下实验。他们将单词逐个朗读给受试者，指定一个特定的字母，要求受试者总是记住以这个特定字母开头且是最后出现的那一个单词。比方说，指定字母“G”，出示的单词表为“Glass，Hat，Potato，Milk，Garden，Goose，…”那么最开始要记的单词则为“Glass”，等“Garden”出现了，就放弃元单词“Glass”，改背“Garden”，同理，等“Goose”出现了，要背的单词也就变成了“Goose”，以此类推。也就是说，要背的单词只是出现在最后的那个以G开头的单词。通过这个实验，可以控制每个以G开头的单词被存储在短期记忆中的时间。

在多次重复上述步骤之后，突然让他们将之前出现过的所有指定单词进行自由回想。结果，在单词被存储在短期记忆中的时间和自由回想的想起率之间，找不到任何组织性关联。这证明了，不管信息在短期记忆仓库中存储多久，只要它和“Potato，Milk，Garden…”一样，还属于无意义的音韵复述，就无法被人想起来。

经过此次实验，“只要复述就能让短期记忆转化为长期记忆”这一单纯的记忆多重存储理论也被彻底推翻。

克雷克等人将复述分为了两种。一种是“机械复述”

（maintenance rehearsal），它只是同水平加工的简单机械重复（如在脑中一个劲地重复英语单词的发音），不会对稳定记忆的产生起到任何帮助。与此相对，精细复述（elaborative rehearsal）则对信息的意义进行联想，并将信息印象化，得以有效地对信息进行记忆和读取。

**小知识**

弗格斯·克雷克（Fergus Craik，1935—）：苏格兰认知心理学家。与罗伯特·洛克哈特一起提出了记忆的加工水平模型。

## 是仓库，还是加工水平？

记忆多重存储模型与加工水平模型的对立还没有完全结束。并不是要分清它们孰对孰错，而应该说它们都有各自的侧重点。

记忆多重存储模型还被应用于生物学研究，有着牢固的基础。但它也因为将长期记忆的形成归因为复述次数这一机械性的观点而受到大众批判。但我认为，这种单纯化（纯粹化）的理论构造，才是为了摸清人类基本心理构造所必需的科学的原有姿态。就像我们只有在真空状态下，而非日常的实验环境中才能正确把握物体的下落时间和距离的关系一样。

与此相对，加工水平模型则着眼于日常情况下人类所进行的更真实的记忆处理。对于追求纯粹的实验状况的心理学家来说，“平常”反倒是一种噪音（noise）。但是，只有去尝试解决“如何进行记忆”这一朴素而具有实践性的疑问，才使前文中众多新颖的回忆研究与记忆研究得以问世。

专栏

## 高效的学习方法是什么？

通过第五章我们知道了，要想长期保存记忆，光靠死记硬背是没有用的，重要的是将信息 “精密化”。那么读书的时候又需要注意些什么呢？根据植木的调查，既能正确理解书本内容又能进行快速阅读的人的共同点是，他们会一边自问自答道：“这里的意思我已经明白了，那这个部分的意思是什么呢？”一边在书中四处探索，反复阅读。

如果说在记忆中重要的是“精密化策略”，那么在阅读理解中重要的则是“自我监控策略”。植木对这个方法的使用与否以及产生的差异进行研究，结果表明，它们之间最重要的差异在于“学习观”。“策略倾向”强的人，会认为：“学习需要依靠自身力量去尝试各种学习方法，这才是学习的真正乐趣！”从结果上看，这会促使他使用高效的学习方法。

# 06
# 提供“技巧”的心理学

# 概要：在临床发挥作用的心理学

本章要介绍的是应用之前提到的心理学理论，在“心理治疗”等临床实践中发挥作用的心理学。

届时，不仅会对海外的疗法（therapy）进行介绍，还会提及很多日本特有的心理疗法和扎根于“禅”的疗法。

一般来说，只有临床心理学家等有专业资格的人才能给人做心理治疗。但具备一些关于疗法的知识，对自身心理健康的维持和改善也能带来非常大的帮助。

掌握了疗法的知识，还能学会在人际交往中不积累多余的压力。

最重要的是，通过了解至今为止学习到的心理学理论是如何应用于实践中的，可以促使我们对心理学整体有更深的理解，与心理学理论有关的记忆也更容易在脑内扎根。

我自身没有特别倾向于特定流派，而会根据患者的类型将各种心理疗法进行组合使用，我将以那些近年来被证实的确是效果显著的心理疗法为中心展开介绍。

## 研究行为本身的“行为治疗”

### 人的行为三要素

在第三章中，我们对赛里格曼的电击狗的实验和“习得性无助”进行了说明。行为治疗与习得性无助的理念类似，认为人的大部分行为都是由后天“学习”获得的。并且，学习由刺激（stimulus）和反应（response）之间形成的联结组成，这个联结会因为奖惩这类“强化因子”（reinforcer）而增强或消失。

这在行动心理学中被称为“刺激—反应理论”“S-R 理论”（stimulate-response theory），是行动治疗法的根基。

心理治疗师需要对来访者（client）进行细致入微的观察，了解来访者是在怎样的刺激影响下，产生了怎样的反应，以及使反应增强的因素又是什么，完全掌握了这些信息之后，才会对来访者进行诊断。刺激—反应—强化因子之间的关联性被称为“三项相倚”，对三项相倚的客观认识是行为治疗的首要工作。

比方说，有的孩子在“面前有钱”这一刺激的影响下，会有立刻把它偷过来的反应。然后心理治疗师就要对这个反应的强化因子进行摸索。最终，“有了钱就能交到朋友”这一状况浮出水面。像这样，将发生的问题以极为简单的方法进行整理，这就是行为治疗的第一步。

S-R 理论

## 自始至终着眼点只有“行为”

行为治疗的特征是将治疗目的锁定为人的行为（behavior），也就是说它的目的只有一个，那就是让人的反应（R）发生改变。对于偷钱的孩子的“感情”和有了钱就能受欢迎的“信念”，心理治疗师既不会进行深究，也不会试图让它们发生改变。

举一个极端的例子，面对自闭症患者，心理治疗师不会试图治好他，而主要着眼于如何阻止他的“自闭症式的行为”。也就是说，行为治疗重视的是对变化可测的事物进行处理，以及给出肉眼可见的结果。而那些用于改善行为模式的具体方法基本上是对前文中“条件反射”的活用。

这个条件反射分为两种：

一种是“经典条件反射”。与它有关的最有名的实验应该就是“巴甫洛夫的狗”这个实验了，当然，这种反射也会出现在人类身上。约翰·华生在给婴儿展示白色物体（兔子或有白色绒毛的玩具）的同时，会用铁锤敲击铁棒使之发出刺耳的金属声，之后的报告表明，这个婴儿以后只要看到白色的物体就会开始号啕大哭。

**小知识**

约翰·华生（John Watson，1878—1958）：美国心理学家。行为主义的创始人。他在1912年进行的演讲被认为是行为主义最早的官方宣言。

那么怎么把这个现象应用于心理辅导呢？如果来访者说自己有恐惧症，只要待在狭窄的房间里就会陷入恐慌，这时心理治疗师就要想，应该是这个“狭窄的环境”过去给来访者带来了什么心理阴影。

可能那个孩子小时候有过因为恶作剧躲进冰箱里，结果被困在里面出不来的经历。这时候就可以认为，在来访者心里，

"进入狭窄空间"这一刺激（S）和"进去后就出不来了"这一反应（R）已经结合在一起形成了一个条件反射。

此时，就要对具体场景进行想象。例如，"尽管房间里只有自己一个人（S），只要自己打开门就能出去（R）""尽管要长时间乘电车(S),但只要电车到站门就会自动打开(R)"。像这样，将刺激与反应以适当的形式联结起来，这是对原有条件反射进行覆盖的假想训练。当恐惧症达到了重度，心理治疗师就要陪患者一起进行实地训练。除此之外，还有一种同时进行松弛疗法和假想训练的系统脱敏法，从古时候被沿用至今。

第二种条件反射，被称为"操作性条件反射"。这种条件反射通过对三项相倚中的"强化因子"进行改变，使刺激—反应的形式发生变化。强化因子即奖励与惩罚，相当于第三章中提到的"胡萝卜与大棒"，而行为治疗则更倾向于"奖励与无视"，因为在行为治疗中，惩罚经常被认为是没有意义的东西。就算给来访者惩罚，接下来能做的事情也很少，反而更容易让他们丧失积极性，实际上更多还是会运用只给奖励、不给惩罚的"奖励与无视"方法。

比方说，要对一个不去上学的孩子进行治疗，我们就可以把理想的行动细分为几个阶段——早晨起床、早晨起床后去客厅、早晨起床后去客厅吃早餐；早晨起床去客厅吃早餐然后去散步……像这样，每当他完成了一项指标就让他过来进行汇报，然后给予其表扬。这就是行为心理学中的"小步原理"（small step）。

心理治疗师也要按顺序给予他尽可能小的奖励，耐心地给其施加强化因子，直到他“重返校园”为止。在治疗中，心理治疗师需要花费大量心思分清“对来访者来说，什么是奖励、什么是惩罚”，只要不给错奖励，或是错过奖励的时机，都可以立刻看到显著的效果。

## "认知治疗"——改变对事物的看法

### S-R 模型真的管用吗？

前述的行为治疗的特征是其认为人类的大部分行为都是通过"学习"获得的，具有较为客观和普遍的一面。因此，行为治疗不会重视来访者的"独立性"，反而会有意地忽视感情、信念这类关于内在的描述。

但是，随着行为治疗的发展，渐渐出现了一些用以往的学习理论所无法说明的现象。

尤其到了 1960 年前后，随着记忆研究、归因研究、自我效能研究、积极性研究等聚焦于人类"认识"的认知心理学的流行，人们渐渐对 S-R 理论产生了一些疑问。

比方说，如果给予刺激（S）之后，反应（R）没有发生变化，那么是不是就没有学习行为发生了呢？本来三项相倚性是在黑猩猩和老鼠身上观察到的现象，它真的能完全适用在拥有高度认知的人类身上吗？有时候就算使用了合适的强化因子，却也无法观察到行为层面的变化，这要如何说明？——似乎很多人都对 S 与 R 之间存在的某种东西（“内心的黑匣子”）抱有疑问。

## 重要的东西存在于 S-R“之间”

当时，认知心理学家埃利斯试图用如下模型对这个“黑匣子”进行说明。这个模型被称为“ABC 理论”，作为替代 S-R 理论的崭新人类观在当时饱受瞩目。ABC 中的 A（activating events）指的是“激发事件”，这相当于 S-R 理论中的 S（刺激）；C（consequence）指“结果”，这对应 S-R 理论中的 R（反应）。

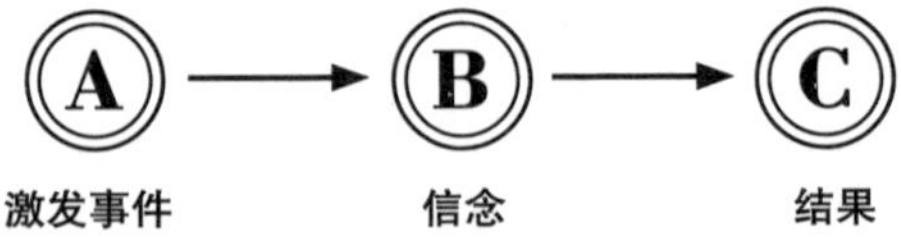


埃利斯的 ABC 理论

**小知识**

阿尔伯特·埃利斯（Albert Ellis，1913—2007）：美国临床心理学家。最初作为精神分析家活跃于心理学界，后设计出理性情绪行为疗法。

埃利斯否定了认为 A（激发事件）会直接引起 C（结果）的学习理论，他主张 B（belief），即“来访者的想法和信念”的重要性，并指出 A 一定会经过 B，并对 C 的形成产生影响。就像上文所述的归因理论一样，对于同样的“成绩不理想”（A），根据 B 的归因——是因为“能力不足”还是“搞错了学习方法”，会对 C 产生很大的影响。

因此作为治疗法，它不会跟行为治疗一样让心理治疗师单方面地从刺激与反应的关系对来访者进行教导，而会重视 A 与 C 之间的 B 的存在方式，即“思考的特性”，倾听来访者的心路经历，再对他们的行为进行纠正。这就是被称为“认知治疗”和“理性治疗”的两种较为新颖的心理疗法的重点所在。

也有人指出：“传统的行为疗法也并非完全无视了人的认知因素。”比方说系统脱敏法和小步原理就使用了假象训练和松弛疗法的方式，也属于对“认知因素”的利用。还有很多研究者认为，本来“行为”（behavior）这一词就包含了“认知”（cognition）的意义。

在实际的治疗现场，在倾听埃利斯所重视的“来访者的观点”的同时，在一定程度上是以心理治疗师为主导对来访者进行教导，其协同效应将取得更好的治疗效果。因此，最近几年基本上不会将这两种治疗方式分开使用，而是将它们并称为“认知行为治疗”，各取精华同时使用。

## ABC 的后面是 D 和 E

在认知治疗中，会将 B 分为非理性信念（irrational belief）和理性信念（rational belief），由烦恼所引起的信念则被认为是非理性信念。亚伦・贝克指出，容易患抑郁症的患者有其特有的思考方式。

**主要的“非理性信念”**

| |
|---|
| ①一般化<br>→把仅仅发生了一次的偶然事件，就极端地扩大为“总是”“大家都这样” |
| ②结论的飞跃<br>→容易把没有确切证据的事情当真，时而发怒，时而产生自我厌恶 |
| ③过度解读<br>→对方的一点点很细微的行动都要进行过度解读，结果每次都会伤到自己 |
| ④预测<br>→想得太远，总是让自己感到不安 |
| ⑤感情的重视<br>→在预测今后事态时，被无意间涌起的感情所影响 |
| ⑥“应该”式思考<br>→无论准备做什么事情都只在“应该”和“不应该”之间做选择 |
| ⑦爱联想到自己<br>→其实明明是跟自己没什么关系的事，却总联想到自己身上 |

在认知治疗和理性治疗中，为了使非理性信念转为理性信念，治疗师会彻底地对来访者扭曲的思想进行“D” = 辩驳（Dispute）——“这件事的依据是？”“这个想法的根据是？”“你口中的‘大家’指的都是谁？”并以作业的形式，让他们将不好的事情可能会发生的概率记在“思考记录表”上。通过此举，让他们时刻都注意以事实为依据进行思考，认识到理性思考的必要性，放弃消极思考，带领他们走向理性的“E” = 效果（Effect）。这个训练方法和药物投用的暂时性效果不同，有时能从根本上改变来访者的人生观，在治疗后精神疾病的复发率也低于药物治疗法。

# 03 越在意就越难受……要如何摆脱这一恶性循环？

## 告别“固执”的训练法——森田疗法

### “束缚”和“处理”的陷阱

自创森田疗法体系的森田正马，也曾为自己的神经质而烦恼。他立足于自我观察，将日本人特有的神经质倾向命名为“森田神经质”。

森田神经质患者的特征是他们在生活中一丝不苟，是完美主义者，羞耻心极强，有强烈的自我保护意识和生存欲望（上进心），只要有一点身心的不顺利就容易产生过激反应（也称癔症性基调）。又由于其过度的执着导致他的身体更为敏感，更容易产生不适，就这样无限重复在不适—敏感—不适的恶性循环中。后来，森田将这个恶性循环命名为“精神交互作用”。

森田通过与自身状况的对抗开发出了心理治疗法，他还通过自己的经历，对这个疗法的原理进行了补充说明。在森田还是医学生的时候，他就患上了严重的神经症，每天都过着药不离手的生活。有一天，在家乡的父母碰巧忘了那天要给儿子寄生活费。对此他非常痛心，惊慌失措道：“我被父母抛弃了吗？”“看来我必须努力学习，以学校第一名的成绩毕业，否则父母是不会认可我的。要是没了钱，药我也买不起啊。”——这样想，他心中就充满了焦躁。

以这件事为契机，他日日夜夜全身心地投入学习当中，因为他准备靠学习出人头地，得到父母的认可，还要自食其力，想买多少药，就买多少药。非常有趣的是，后来他慢慢发现，自己从某一段时间开始因为太投入于学习中，甚至把那最关键的药都给忘了。后来森田说，自己对药物的依赖通过转化为学习动力而得到了大幅削减，神经症的症状也就自然而然地消失了。

在森田疗法中，“束缚”和与其相对应的“处理”（试图将不安消除的努力）被认为是增强精神交互作用的元凶，这个概念就是以他自己的经验为依据而得出的。还有人认为，森田这一远离执念而“顺其自然”的态度，实际上受了“禅”的影响。

**小知识**

森田正马（1874—1938）：根据自身的神经症经验，于1919年确立了森田疗法这一神经症的精神疗法，该疗法不仅传遍日本，还普及世界各地。

## 森田疗法是什么？

如上文所述，要想适用于认知行为治疗，就需要：

1. 患者有各种感情体验，具有一定程度的成熟心智。

2. 具备与治疗师进行交流的智力和语言表达能力。

但森田疗法比较适用于那些不擅长向他人进行自我揭露的日本人。在治疗中，促进患者顺其自然地接受自己的苦痛，在心理辅导中，不对症状进行追问。为了提高患者的目的意识和上进心，和患者一起考虑具体的努力方式，并在努力过程中引导患者远离对症状的“在意”和“处理”。

遵照规范的森田疗法，患者需要接受被安排好的一个月的住院治疗。住院分以下四个阶段。

**绝对卧床期**

在单人房间独处 4 ~ 7 天，每天只能在床上度过。禁止患者运动、谈话、读书、看电视及进行其他消遣活动。

**轻作业期**

时间为 1 ~ 2 周，减短绝对卧床期，允许做一些类似家务的轻型作业。白天一定要到户外接触新鲜空气和阳光，晚上将一天的见闻都记在日记中，开始日记疗法，心理治疗师需要给日记写评语并交还给本人。

**重作业期**

患者可随意选择田间劳动、打扫卫生、手工操作等，但禁止交际、游戏、共同作业、无目的的散步、健身操等，只是自己做事或读书。

**回归社会准备期**

进行适应外界变化的训练，为各自回到实际的日常生活中做准备。

现在很少地方会执行这种规范的住院流程。一般医院的精神科和身心医学科，主要是以“日记疗法”（让患者把看到的东西如实地记入日记中，心理治疗师则定期写下自己真实的感想还给患者。通过日记交流，不让患者的注意力只集中在自己的症状上，而是让他养成自然地感受外界事物的习惯）和“读书疗法”（留下大量的读书任务，让患者一心一意地在家读书，读完后将真实的感受与心理治疗师进行交流）这两种“外来森田疗法”的并用为中心。

也因为不方便让患者在医院内进行作业，所以采用了类似“步行训练法”（让患者只在走廊或楼梯走动）这类“森田变化疗法”。

像这样让患者集中精力于“现在进行的劳动”的心理疗法，对社交恐惧症和强迫症，还有抑郁症和心身症等并发症也有显著抑制效果。虽然森田疗法问世的大正时代已经过去了一百多年，但它依然被世界各国广泛运用。

## 诞生于精神修养的“内观疗法”

内观疗法和森田疗法一样，都是日本自创的心理疗法。内观疗法是吉本伊信以净土真宗的“自问”为基础创立的治疗方法。比起与心理治疗师的相互作用，更重视个人内部的“精神修养”。吉本确立了内观三项的理论，并将其比作“给精神带来营养的基本骨骼”，而其观点也渐渐地被运用于精神医疗的实操中。

内观疗法要求反省自己对别人采取的行为。包括三点具体的事实。具体来说，对自己身边的母亲、父亲，或是妻子、儿女、老师等过去与自己有关联的人，①受过什么照顾？②做过什么报答的事？③给人添过什么麻烦？让患者沿着这三个主题反复地进行回想。

如果要进行规范的内观治疗，还需要去内观道场实施一个星期的“集中内观”，届时将有下列流程：

在与外界隔绝的狭小而安静的被屏风所包围的空间里，每天早上从六点开始持续到晚上九点，不断地重复上述三个问题，回想的范围限定在过去 3 ~ 5 年内，并且每隔 1 ~ 2 小时就将回忆简短地汇报给到访的面试官。面试官不对内容进行任何评价，待其说完后公布下一主题：“中学生时期的父子关系的内观三项。”完成确认后对患者进行适当鼓励，然后离开。

治疗者会被要求同时具有毅然的父亲姿态及悯恤慈爱的母亲形象。而且，内观疗法和森田疗法一样，不会提及症状和病理，而是让治疗者只集中于内观。

内观疗法有什么效果呢？首先，它可以增强治疗者对近亲的感恩，同时还可能有类似自责的情感体验。其次，渐渐能够站在他人角度看待问题，借此从原先的只从自己的角度看待问题的执念中解放出来，在人格方面获得很大的成长，协作性也会得到显著提升。为期一周的集中内观，能使参加者情绪高涨，感觉自己的神经症、心身症、酒精依赖和抑郁症仿佛被一扫而空，神清气爽。

但是，这种效果半年左右就会消失，复发的患者不在少数。要想使集中内观的效果得到延续，就需要将内观三项带入日常生活中，把“日常内观”当作自己每天的习惯，并将自己的感受不断记录下来，才能对心理疾病的治愈起到作用。

**小知识**

吉本伊信（1916—1988）：出生于日本奈良。剔除了净土真宗“自问”的宗教部分，将其改为适合大众的“内观”。内观疗法被监狱和矫正机构所采用，与此同时，还普及学校教育、企业研修等领域。

# 05 重新自我审视的究极方法是什么？

## “绝食疗法”

之所以把断食运用于心理治疗，是因为通过“绝食”给身体带来的巨大压力，能一次性使神经系统、内分泌系统和免疫系统等生理调节功能全部得到重置，并给身体一个修复不正确的条件反射的机会。我也会定期进行绝食治疗，保持长期的空腹状态之后，就会变得对外部心理刺激完全不感兴趣，能感觉到只有自身的内省倾向在加深。

不知是不是因为在“隔离”和“长时间”这两点上存在共通之处，不少治疗者会将绝食疗法和内观疗法与森田疗法并用。但是，绝食疗法本来并不是为了像前面那两个疗法一样远离“执着的束缚”，不如说恰好相反，绝食疗法其实是给那些平时不重视自己，被工作压抑得迷失了自我的人用来重新审视自己的疗法。

日本内务省营养研究所的高比良英雄首次将绝食疗法应用于近代医学治疗。之后，铃木仁一等人沿用特定日程安排，建立起一种允许使用护肝药物的日本东北大学特有的绝食疗法理论体系。

首先，在对来访者的健康状况、积极性、精神状态进行彻底检查后，再对是否能给来访者导入绝食治疗进行评估。绝食治疗一般包括 10 天的绝食期，以及 5 天的复食期。在绝食过程中，除饮用水之外，其他饮食及药物均被禁止，但会给绝食者使用 500 ~ 1000 毫升的护肝药。在个人房间内的会面、通电话、看电视等娱乐行为都被禁止。对于习惯都市生活的人来说，绝食期间十分枯燥，但从第五天左右，人们就会开始围绕自己平时不曾在意的过往与将来进行思考。

恢复期间会让绝食者从米汤、米粥、牛奶等开始慢慢进行复食。还会根据绝食者的需求开设恢复期，在并用其他心理疗法的情况下，会根据不同的疗法进行不同的社会回归训练，或再次开始药物治疗。

虽然这对过敏性肠炎、慢性肠炎、紧张性头痛等心身症、抑郁症、焦虑症十分有效，但想靠一次绝食体验就让人生发生 180 度的大转变还是比较困难的。有的人会像我一样定期进行绝食治疗，对那些已经存在慢性抑郁或是焦虑症的患者则大多会将认知行为治疗和绝食治疗并用。

**小知识**

铃木仁一（1926—）：原心血管科医生，后转至身心医学科。为了心身症的治疗，对绝食、温泉的利用效果进行研究。

# 06 保持心理健康的秘诀是什么？

## 抓住放松的技巧——“自律训练疗法”

### 瑜伽的世界与自律训练疗法

1926 年，德国精神科医生舒尔茨以大脑生理学家沃格特的临床催眠研究为基础，发明了自律训练疗法。此疗法抓住了瑜伽的真谛，让人们体验并获得了学会放松的方法，对身心两方面的扭曲进行自我调整。因此，它不仅被用来治疗病人，还被大众用于自我管理，同时它也是维持心理健康的有效方法之一。欧美各国自不必说，在日本，这个方法也正在被积极地运用到各种心理治疗之中，除了需要心理治疗师陪伴的自律训练，在自己的家中和外出时能够进行的单独自律训练的疗法也得到了普及。

一种叫作“超越冥想法”（TM）的瑜伽锻炼曾经风靡美国。这个冥想法做起来很简单，只需要朝夕静坐两次，并在静坐时咏唱曼特罗（咒文）来缓解紧张情绪，但据说其效果却非同凡响，健康状况的改善自不必说，还具有工作效率的提高、成绩上升、人格安定、人际关系的改善等各种效果。当时受到大众的狂热推崇，据说到现在都还存在这种冥想法。

TM 所代表的各种冥想法虽然在美式营销的推动下迎来了大流行，但在科学层面却还有很多值得探讨的东西。

与此相对的自律训练疗法是以精神生理学为基础的理论体系，其效果的检验也有了足够的经验积累。自律训练疗法还受到了以日本各地的医科大学为首的各公立医疗机构的广泛接受。作为在初期就参与到日本自律训练疗法的医学研究者中，九州大学的池见—佐佐木的团队较为出名。佐佐木对日本独有的禅思想和自律训练疗法的关系进行了反复研究，比起与瑜伽思想的关联，他选择将“不被任何东西束缚，感受现在”的禅与自律训练的磨合进行总结归纳，为自律训练疗法在日本的普及做出了巨大贡献。

## 自律训练疗法是什么？

实验证明，掌握了自律训练疗法，就有以下六种效果：

1. 将长久堆积的疲劳一扫而空。

2. 不容易焦躁，变得稳重。

3. 能够管控自我，减少冲动行为。

4. 学习、工作的效率变高。

5. 肉体和精神上的痛苦得到缓解。

6. 学会自省，增强上进心。

如上文所述，因为自律训练疗法是以沃格特的催眠研究为基础的疗法，所以它其实也是一种“自我催眠法”。但是，催眠法和自律训练疗法使人放松的方法有些差异。催眠法要想取得效果，需要下列三个必要条件：第一，要让被催眠者放空大脑，使其接近睡眠状态。第二，给被催眠者的暗示越强越好。第三，要让被催眠者在心理治疗师身上感受到某种神秘性，并完全交出自己身体的主动权。

而自律训练疗法，则只需要本人的能动性。不需要进入近似睡眠的状态，不如说，自律训练疗法的目标是在大脑清醒的状况下进行放松。援用心理治疗师的建议，就像一步一步地朝山顶进发一样，需要分步骤进行练习。进行放松“练习”，“体验”神经控制这类能动性的表达方式经常被使用于自律训练疗法中。这也展现出了它和被动催眠疗法的本质区别。

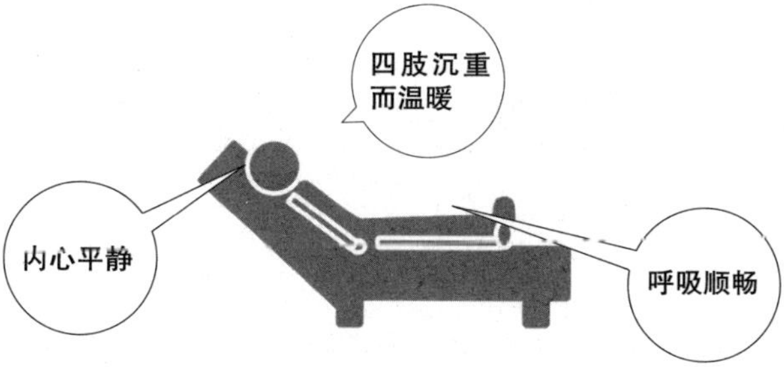


自律训练疗法

## 自律训练疗法的实验

在自律训练疗法中，自我暗示的公式被整理得十分简洁，随着肌肉放松一步一步地进行学习。首先，心理治疗师一边对仰卧在床上或沙发上的来访者进行观察，一边平静地宣读公式，以便将来来访者在任何地方都可以独自使用自律训练疗法。下页表中括号里的东西是为了方便对此疗法不太熟悉的人进行想象，我特意补足的。我几乎每天都会进行早晚两次自律训练，当脑内开始进行假想时，就能立刻感到肌肉放松、内心平静。

通过对此暗示的体验，神经末梢和内脏温度会实际上升，身心安定、头脑清醒，最重要的是，“我们能主动地得到放松”这件事会增强我们的自信。

| 公式 | 想象 |
| --- | --- |
| 背景公式 | 内心平静<br>（+ 沐浴慵懒的阳光，自由地躺在草原上） |
| 第 1 公式<br>（重感练习） | 四肢沉重<br>（+ 四肢被重力猛拉，不断下落） |
| 第 2 公式<br>（温感练习） | 四肢温暖<br>（+ 慢慢地将手和脚深入温暖的温泉中，搅出小水花） |
| 第 3 公式<br>（心脏调节练习） | 心脏静静跳动<br>（+ 心脏也随着手脚一起变重、变暖） |
| 第 4 公式<br>（呼吸调节练习） | 呼吸顺畅<br>（+ 配合心跳，吸进来的气能更轻松地呼出去） |
| 第 5 公式<br>（腹部调节练习） | 胃部温暖<br>（+ 吸入的空气温暖了肺部，并流向腹部） |
| 第 6 公式<br>（额部调节练习） | 额头凉爽<br>（+ 穿过房间的清凉的风拂过额头） |

# 07 心理治疗师需要和来访者保持怎样的关系？

## 给临床心理学带来强烈冲击的“个人中心治疗”

### “个人中心治疗”

在心理学第三潮流中，存在人本主义心理学（humanistic psychology）。其创始人马斯洛不从病理角度进行分析，而是聚焦于人内面性的“健康侧面”，对人应该如何完成自我实现，即如何充分发挥自己的可能性、实现人生价值展开了研究。

自我实现的基本条件有以下几种：不被疾病侵扰、基本的需求（生理需求、信赖需求、归属需求等）得到满足、试图积极地活用自己的能力、不为奖惩而是以内在动机作为生活的动力。

心理学的第一潮流则是深层心理学。这个理论虽然因为其对人内心深处的探索而受到世人的赞赏，但它更偏向于性压抑这类病理侧面。被称为心理学第二潮流的行为主义，它的科学性、普遍性虽然受到高度评价，但也有人指出它对个人的内面理解还不够充分。

人本主义心理学则超越了这些，认为人只要通过自我实现朝着“至高体验”努力，就能获得人生最幸福、最无与伦比的体验。受这个观点的影响，20 世纪 60 年代，美国爆发了“人类潜能运动”（human potential movement）。这是一个通过利用心理学技巧尝试身心开放，最终获得至高体验的运动。从中发展出的“超个人心理学”（transpersonal psychology），假想出类似自我超越、天命、和宇宙的一体感，认为如果不将个人的认知和行动提高到新的层次，就没法处理生活实感的缺乏和空虚感这类现代心理问题。

**小知识**

超个人心理学——进一步发展了人本主义心理学中自我超越的概念，重视与超个人领域的精神统一，并将其作为人类的终极目标。

## 来访者知道正确答案

人本主义心理学就这样慢慢变得过激起来，但在临床方面留下了最现实的功劳的应该是罗杰斯的个人中心治疗理论（client-centered therapy）。那么罗杰斯又给一般临床心理学带来了什么冲击呢？——在他的帮助下，心理治疗（therapy）行为得以从一般医疗领域中独立出来；他强调心理治疗师和来访者之间的关系本身存在自然治愈力；通过前两个举措，促进了心理治疗知识的大众化。

**小知识**

卡尔·罗杰斯（Carl Rogers，1902—1987）：美国临床心理学家。重视心理治疗师与来访者之间的亲密关系，主张非指导性治疗/个人中心治疗。

以下是罗杰斯一贯的观点：

1. 目标不是解决问题本身，而是学会自立。

2. 所有有机体都具有自我实现倾向和自然治愈力。

3. 知道问题出在哪儿、应该往哪个方向改正的不是治疗师，而是来访者自己，因此在治疗中应该信任来访者所采取的措施。

以上述观点为基础的罗杰斯的心理治疗理论的核心应该是他于1957年发表的《治疗中人格变化的充要条件》，具体如下：

1. 两个人在心理上进行接触。

2. 来访者的感情和行动不一致，治疗师则是一致的。

3. 治疗师需要给予来访者“无条件的肯定”。

4. 治疗师表现出对来访者的共鸣。

5. 来访者感受到了治疗师的无条件肯定与共鸣式理解。

罗杰斯认为，如果不满足上述条件，来访者本来具有的自我治愈能力将会停止运转，相反，只要满足上述条件，来访者就会在治疗中发生人格变化。

### 作为技巧前提的必要条件

让多数人感到赞叹的是罗杰斯给心理治疗师设置的态度条件。我认为，这种态度不仅是“必要”的，很多时候能做到这一点就“足够”了，跟这种态度相比，什么专业知识、诊断、学历、资格证书，都显得黯然失色。

但这并不是什么“诊断无用论”，只不过，比起专业技术，罗杰斯把治疗师的对人态度放在第一位的观点，今后不管我们用什么心理疗法接触来访者，都应该把它记在心里。

也有不少人批判他的理论并非“治疗方法的开发”，而不过是道德要求罢了。但是，这个理论却给临床心理学整体带来了很大的冲击。因为在治疗关系中应尽可能地将决定权交到来访者手里的这一观点，能时刻提醒我们对心理治疗师的权威性和专业性抱有疑问和保留意见。

## 让治疗师与来访者关系协调的“艺术治疗”

### 画画的好处

绘画，可以将语言难以表达出来的微妙情感以图像的形式表现出来，所以还适用于那些语言表达比较吃力的来访者和小孩，适用范围很广。而且画完的画可以留下来，等过一段时间还能从客观角度跟治疗师一起回顾画这幅画时的心路历程。

画画本身就具有净化作用（catharsis），还能释放压力，显露出内心世界。而且，在画画的同时若无其事地和治疗师进行对话的这一过程，要比跟他面对面倾诉烦恼的时候更加开朗自然。

但在实际临床中，绘画更多时候是作为用于了解来访者的诊断线索。

## 作为诊断的绘画法

在进行绘画诊断的时候，经常会使用难度较低的树木画测试（Baum test，Tree drawing test）。树木画测试是由瑞典的产业咨询师科赫所构想出来的人格投影法之一。根据树干、枝梢、果实、画的位置、留白的位置等，可以知道画画人的情绪状态和人格倾向，还能推测出画画人的智力水平。

除此之外，HTP 测试（House Tree Person test）也是传统绘画诊断法之一。HTP 测试是由美国的巴克想出的，是用三张 A4 纸分别画出房、树、人的方法，随后又出现了用一张纸将房、树、人全部画上去的“整合型 HTP 测试法”，后来还发展出了在原来的房、树、人的基础上再画一个性格和前者完全相反的人的“HTP 测试法”（House Tree Person Person test）。

更加直接地让来访者对“人物”进行描绘以捕捉其人格的人物绘画投影（DAP：Draw a Person test）也被认为是有效的诊断法，但从现状来看，有很多来访者对只画人物这件事表现出了心理抵抗，此时，就更适合使用上述的树木画或 HTP 测试。除此之外，还有对家人行为进行描绘的“家族描绘法”，以及完全将家人看作动物来进行描绘的“动物家族画法”等各种各样的诊断法。

患上精神疾病的人，基本上都是一丝不苟的完美主义者。所以心理治疗师一定要非常仔细地观察，在面对白纸时，来访者有没有透露出一丝的抗拒反应。如果出现了抗拒反应，则需要进行灵活的应对，比如让来访者决定绘画的主题，或是让他暂时先别画了。

在此意义上，中井久夫的“风景构成法”用起来非常方便。由治疗师将要画的十个项目一个个地提示给来访者。风景构成法要求来访者依照“河流、山、田野、道路、家、树、人、花、动物、石头”的顺序将它们逐个画在纸上，这个方法可以让来访者们体会到将风景画一点一点完成的喜悦。并且只要来访者愿意，必要时还可以在不足的地方进行添笔，或是用蜡笔等颜料工具进行上色。这个方法，因为能从画中的各个要素和图画构成两方面对来访者的内心世界进行探究，所以刚开始给不擅长进行语言表达的大人或孩子进行心理辅导时经常会用到。

**小知识**

中井久夫（1934—）：出生于日本奈良县。精神科医生，主要研究课题为失语性精神分裂症。除将“涂鸦游戏”引入日本之外，还自创出风景构成法。

## 作为心理治疗的绘画法

不过，如果只用绘画法进行诊断还是有些风险的。因为这很容易反映出分析者的主观判断因素，客观性薄弱，所以一般要与其他心理检测相结合（这被称为测验组合、Test Battery），还需要牢牢把握来访者的来历。

由英国儿科医生温尼科特所开发的涂鸦游戏（squiggle method）在对儿童进行心理辅导时起到了很大的作用。Squiggle 原意为“乱涂乱画”，是一种让治疗师和来访者对同一张画进行涂鸦，将自己的直观感受画出来的方法。

比如下面这个例子。我在纸上画了一个小等边三角形，而另一个孩子则把它当成了“獠牙”，并在那个小三角形旁边又添上了许多小三角，画出了嘴巴的轮廓。看到这满嘴尖牙，我问道：“这是什么动物呀？很可怕吗？”却遭到了他的批评：“一看就知道很温和啊！”于是我又在这嘴巴旁边加上了小鱼的轮廓，这样看起来的确温和了不少……就在我们一边谈笑一边重复这个过程时，他突然吐露了自己的心声：“要是哥哥对妈妈也这么温和就好啦！”就这样，通过涂鸦游戏，我成功地接触到了这个孩子的内心世界，而以心理辅导的方式则根本做不到这一点。

当对象是因精神疾病而住院的患者时，如果我们以“打发时间”为由邀请他做涂鸦游戏，在反复涂鸦的过程中会形成一种对治疗师的放心感（rapport），有时还能让患者吐露他藏在心底的真心话。这样一来，我们就能正式地开始进行认知行为治疗了。虽然绘画疗法本身不具有太强的治疗效果，但它对其他心理疗法具有促进效果。

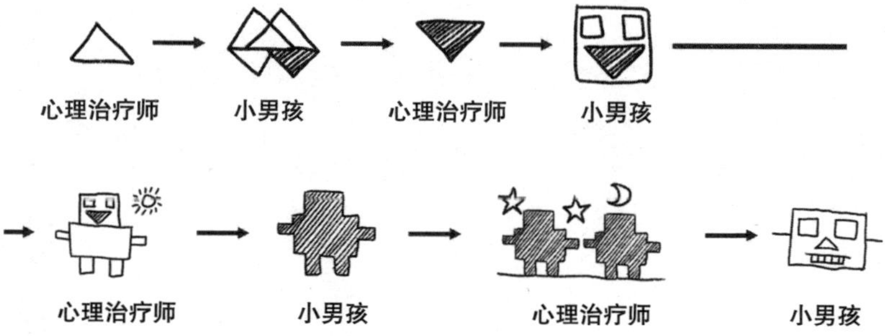


涂鸦游戏示意图

# 09 心理疾病存在于家庭之中

## 对系统进行探究的“家庭治疗”

家庭治疗是一种以心理学系统观为基础，将家庭全体视为一个系统，并以此“家庭系统”为对象展开心理辅导的心理治疗方法。系统观指的是，将家庭这一集体视为存在于个人与社会之间的“一个固有系统”（拥有独自的功能与文化，在维持自身稳定的同时，又会随着内外界的变化而发生改变，由婚姻和血缘关系组成的系统）。

也就是说，家庭治疗的特点是，除存在某种心理问题的“个人”之外，还会将个人周围的家庭关系和家庭全体都视为治疗对象。也可以说是一种给予援助，让家庭靠自身的力量解决问题的治疗法。在心理辅导中，会尽可能地让与患者有交集的家属都参与进来，而治疗师则作为主持人，聚焦于解决问题的方式和对家庭成员进行诱导，并激发出家庭解决问题的能力。

假设来访者是一个拒绝上学的孩子，如果运用家庭治疗法，就不会只对这个孩子采取心理治疗。这个来访者会被家人定义为“偶然出现（逃学）症状的人”或“被认定为患者的人”。这样的来访者在临床心理学中被称为“被迫承担心理病患职责的人”（Identified patient，IP），但在实际治疗中不会把问题归因于 IP 一人，而会把矛头指向 IP 产生的环境——家庭系统中。

在家庭这一活动的系统中，某个现象可能是某件事的起因，也可能是另一件事所导致的结果，这就是因果关系的循环。比方说，孩子拒绝上学这一现象，可能是由父母关系不和而导致的，同时这一现象还可能加剧父母间关系的恶化。像这样，个人的变化会给家庭全体带来影响，同理可知，家庭全体的变化，也会给个人带来影响。

当原因和结果相互作用，形成一个圆环的时候，我们会将其之间的关系称为循环因果关系。

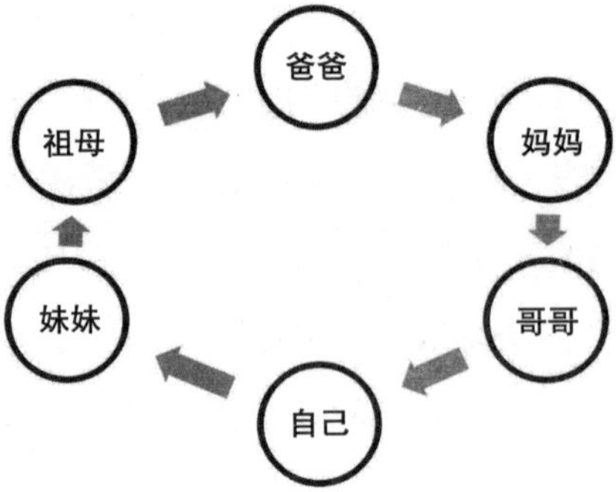


循环因果关系

“孩子有问题，是不是说明家庭本身也有问题呢？”

“为什么就这孩子不愿去学校呢？明明他哥哥什么问题都没有……”

经常有人会这么问我，但站在家庭系统论的角度看，既不能说错全在孩子身上，也不意味着只是父母有问题。确实，比起拒绝上学的孩子，他的哥哥看起来要正常不少。其实这个不上学的孩子，是为了维系家庭这个“圆”的正常运转，而以不上学的形式发出了无声的呼喊。听到这个呼喊后，为家庭这一系统能更好地运转而进行介入，给予帮助的，就是家庭治疗。

## 实际的家庭治疗

心理治疗师基本上要以进行个人中心治疗的心态应对家庭全员。每个人所讲的话，以及亲子间的对话，都要带着共鸣去聆听。但如果要加入心理学系统观看，就必须——

1. 摸清系统内产生的关系模式（谁开始讲话后，谁会闭上嘴）。

2. 摸清系统构造（诸如家庭内的等级制度）。

3. 注意上述两点，在把握家庭形态的同时进行分析。

因此，要从系统的联系角度（也被称为“循环的观点”）来把握被迫承担心理病患职责的人（IP）的症状，在对整体系统进行把握的情况下，提出有可能使系统本身发生改变的方案，比方说“让孩子跟家长分房睡吧”“休息日大家一起起床吧”“商量一下吃饭时间吧”“把日历挂到各个房间里吧”“决定一下每个人分担的家务吧”……

通过这些方案，让他们产生“问题可能出在家庭形态上”的真实感，从家庭中的相互关系角度对问题进行把握。还要对他们进行诱导，让他们不要去“找原因”“找犯人”，比起过去的原因，更应该让他们把注意力集中于对今后的打算。

这个家庭治疗法跟以往的针对个人的治疗方法相比，完全告别了原来的因果论式治疗法，不将个人的人格改变放至第一位，而是通过对系统的改变来达到 IP 症状的消失或减轻的效果。

以上就是家庭治疗的核心，如果再进行细分的话，在海外还有“构造家庭治疗”“战略家庭治疗”“米兰家庭治疗”“多世代家庭治疗”“心理教育家庭治疗”等各种各样的治疗法，每种治疗方法只要介入家庭系统中就会有很好的治疗效果，只需短时间就能解决问题。日本现在也正慢慢建立起不被以往的父权、男尊女卑和祖先崇拜所束缚的，夫妇孩子平等的循环性家庭观，并构筑起了类似欧美的家庭系统。相信日本今后也能扩展出自己独有的家庭治疗理论。

**小知识**

米兰家庭治疗——米兰家庭治疗法认为 IP 的症状对家庭系统的维持起到了帮助作用，因此会劝家人维持现状（让症状持续）。对此家人虽然会感到困惑，但这个困惑才是打破以往家庭关系和恶性循环、促进新系统再次形成的关键。

专栏

## 你能做到客观思考吗？

试着读一下下面这句话——“I like the dogs and the c □ ts.”

可能我们都能不假思索地读出“I like the dogs and the cats.”严格地说，虽然我们不知道□中的字母是什么，但不会觉得自己“看不懂这句话”。因为我们已经知道了“cats”这个单词，大脑就自动地将正方形中的字母补足为“a”。

前文提到的“刻板印象”就是这样产生的。我们的大脑无法客观地分析初次见面的人。不管你认为自己有多么客观，实验结果也表明，人脑并不像电脑那样由下而上地（数据驱动型）

对信息进行处理。不如说我们一直是自上而下地（理论驱动型）观察事物，这是心理学界的常识。

如果完全不具备单词的知识，应该就会一直死死地盯着那个句子，进行各种各样的想象和推理——“□中的字母究竟是什么呢？”也就是说，这时候我们的思考模式就不是自上而下，而是自下而上了。不过对此只是一知半解的成年人则很容易随意地做出判断：“差不多就这样吧。”而放弃继续进行思考。教育心理学中将此现象称为知识的“决定倾向”，这个小聪明反而会降低我们想象的自由度，导致生活片面而乏味。

# 索　引